中国少儿知识小百科

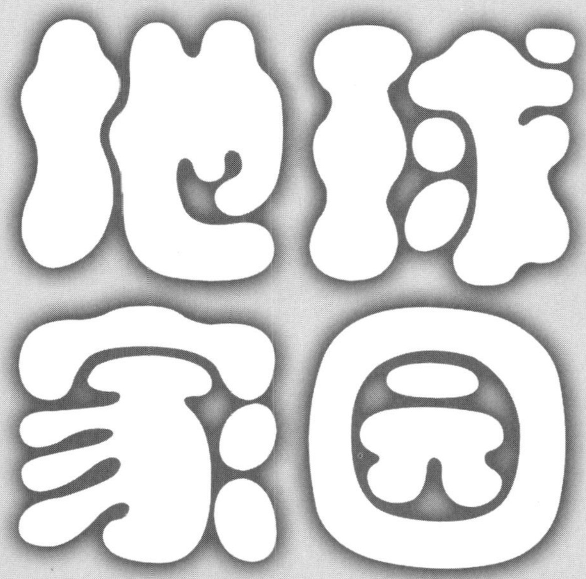

地球家园

Diqiu
Jiayuan

方辉 主编

图书在版编目（CIP）数据

地球家园／方辉主编．—济南：山东大学出版社，
2017.1
（中国少儿知识小百科）
ISBN 978-7-5607-5434-5

Ⅰ．①地… Ⅱ．①方… Ⅲ．①地球－少儿读物
Ⅳ．① P183-49

中国版本图书馆 CIP 数据核字（2015）第 305993 号

责任策划：陈海军
责任编辑：刘森文
封面设计：张　荔

出版发行：山东大学出版社
社址　山东省济南市山大南路 20 号
邮编　250100
电话市场部（0531）88364466
经销：山东省新华书店经销
印刷：山东新华印务有限责任公司
规格：787 毫米 ×1092 毫米　1/16
7 印张　162 千字
版次：2017 年 1 月第 1 版
印次：2017 年 1 月第 1 次印刷
定价：20.00 元

出版人语

书籍是人类进步的阶梯，同学们在这条阶梯上攀登时，你们的脚步更多地承载着家庭和社会的希望和未来。

《中国少儿知识小百科》丛书紧紧围绕新课程标准进行设计和编写，根据广大同学的阅读水平和思维能力，侧重可读性、趣味性和拓展性，涉及10个学科门类，包括动物、植物、科学、艺术、民俗、体育、天文、地理、历史、军事等方面的有用和有趣知识，内容全面，通俗易懂。本丛书共设3000多个条目，并附有3000多幅相关插图，让大家在阅读时产生浓厚兴趣，增加知识，开拓视野，提高思维能力和语言能力。

本丛书将引领读者朋友游览《动物王国》，访问《植物城堡》，仰望《天文奇观》，俯视《地球家园》，参观《艺术长廊》，历数《民俗大观》，漫步《历史博览》，访问《科学驿站》，阔论《军事纵横》，走进《体育世界》，探索科学知识，认识大千世界。其中穿插的“洋话天天说”“诗词贝贝乐”“思维对对碰”“肚皮笑笑破”“我来考考你”等栏目，可拓展知识面，增加趣味性，生动活泼，寓教于乐，把学习知识、激发兴趣、培养能力融为一体，让大家更加积极主动地去探索奇妙的世界。

本丛书体例新颖，内容丰富，既收纳了各学科的基本知识点，又融入了各学科的新发现和新成果。在语言的叙述和表达上，力求生动活泼，深入浅出，把人类的常识和深奥的哲理与同学们熟悉的事物联系起来，引领读者朋友由近及远，由表及里，从已知到未知，迈开探索的脚步勇敢地进入科学知识的广阔天地。

《中国少儿知识小百科》丛书是一个集知识性、趣味性、益智性、拓展性、实用性于一体的适合广大同学阅读的百科知识宝库。同学们，让我们一起开始充满乐趣和惊奇的“寻宝”之旅吧！

《中国少儿知识小百科》丛书
编 委 会

目录

第一章 神奇的地球家园

地球是既平凡而又伟大的一颗行星。说它平凡，是因为它只是太阳系的八大行星之一，只是茫茫宇宙中的沧海一粟。说它伟大，是因为它是太阳系中唯一孕育高等生命的行星。而对于我们人类来说，地球就是我们的摇篮。在漫长的岁月中，人类在这个星球上繁衍生息，不断地用自己的双手，建设着自己美好的家园。

地球的概貌

当人类摆脱引力的束缚，进入太空后再回过头来凝望自己的家园——地球时，我们才发现地球是那样美丽的一个蓝色星球。延绵的大陆与蓝色的海洋交相辉映，浮动的白云像丝带一样围绕其间。这个时候，人们仿佛才真正认识自己所居住的这个星球。其实，人类一直在了解地球、研究地球，科技发达的今天，使我们可以更加全面地认识地球。

巨大的“橘子”——地球的形状

很久以来，人们一直都想知道地球是什么形状的。可是我们生活在大地上，不能直接观察到地球的形状。古代的人们活动范围很小，只能看到附近不远的地方，所以认为脚下的大地是方形的。后来，随着活动范围越来越大，人们逐渐发现大地是弧形的。天文学家更是通过月食等天文现象发现地球是个球体，所以在一段时间以内，人们又以为地球是正圆的球体。直到人造卫星上天以后，经过精密的测量，人们才发现地球并不是一个正圆球体，而是一个两极稍扁赤道略鼓的椭圆球体，就像是一个巨大的橘子。

行路难

（唐）李白

金樽清酒斗十千，玉盘珍馐直万钱。
停杯投箸不能食，拔剑四顾心茫然。
欲渡黄河冰塞川，将登太行雪暗天。
闲来垂钓坐溪上，忽复乘舟梦日边。
行路难，行路难，多歧路，今安在。
长风破浪会有时，直挂云帆济沧海。

地球的端点——南北极

在地球上有两个有趣的地方，那就是南极和北极。从字面上来理解，南极就是南方的尽头，北极也就是北方的尽头。的确，南北两极是地球上的两个端点。不过按地理学的区域划分，在南极圈以内（南纬 66.5°以南）的地区都属于南极地区；而北极圈以内的地区都属于北极地区。南极和北极地区的情况不太一样：南极地区是一片巨大的陆地，被人们称作“南极洲”；北极的正中是一片冰地，是海洋上漂浮的一个冰层，人们把这个海洋称为“北冰洋”。南极地区和北极地区都很寒冷，其中南极的温度更低，那里的最低温度曾经达到 −94.5℃，是地球上温度最低的地方。

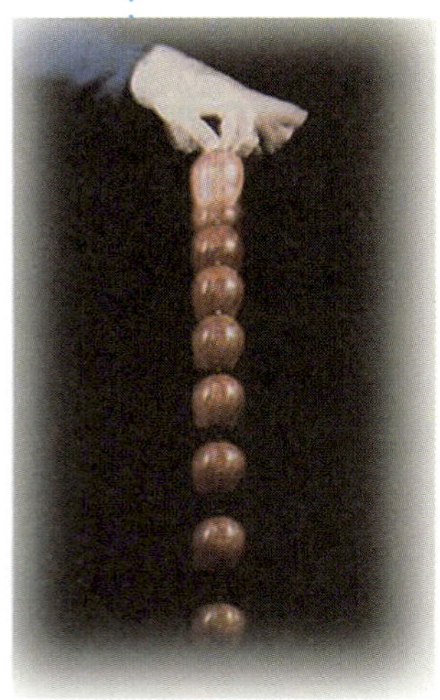

无处不在的地球引力

生活在地球上的我们，会时时刻刻感受到地球引力的存在。比如，手里拿东西的时候，一不小心东西就会掉到地上；上坡的时候，我们会觉得很费劲儿，下坡的时候，就会觉得很轻松。这些都是因为地球的引力在作怪。地球引力的方向是向着地心的，地球上以及地球周围的物体，都会受到地球引力的作用。地球把它周围的物体牢牢地吸引住。正是因为有了地球引力，我们才能稳稳地呆在地球上。你要想摆脱地球的引力，就必须有足够快的速度，当物体的运动速度达到每秒 11.2 千米的时候，就能摆脱地球引力的束缚了。这一速度也被人们称为“第二宇宙速度”。

A：Look! It's a frog.
B：Yes, it is.
A：看，它是一只青蛙。
B：是的，它是。

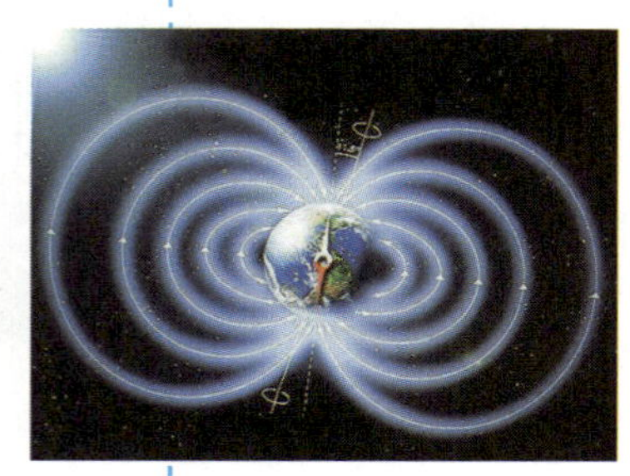

保护生物的“外套”——磁场

同学们，地球是个巨大的磁体，它周围空间存在着磁场。地磁的北极在地球南极附近，地磁的南极在地球北极附近。磁针受地磁场的作用而一端指南另一端指北。地磁两极与地球两极并不重合，所以磁针一般并不指向正南、正北。除了利用地磁来给行军、航海定向外，人们还可以根据地磁场在地面上分布的特征寻找矿藏。此外，假如没有地磁场，从太阳发出的强大的带电粒子流——太阳风，就不会受到地磁场的作用发生偏转而直射地球。如果那样的话，地球上的生命将无法存在。地磁场虽然看不见，但保护着地球上的所有生物，使之免受宇宙的辐射，所以地磁场这顶“保护伞”对人类的生产、生活都有着重要的意义。

有趣的极昼和极夜

在地球公转过程中，由于地轴与地球公转轨道面始终保持 66° 33' 的夹角，从而造成除赤道上和春分日、秋分日外，其他地区都有昼夜长短不同的变化，纬度愈高的地区昼夜长短变化愈显著，在南、北极圈内就会出现极昼与极夜现象。极昼就是太阳终日不落的现象；极夜则是太阳终日不出的现象。当太阳直射在北半球时，极昼出现在北极地区，极夜出现在南极地区；太阳直射在南半球时，情况正好相反。在南北极圈以内，每年都会有极昼和极夜的现象出现，南北极点各有半年的极昼与极夜现象，即半年白昼，半年黑夜。

题目：会遇到几艘轮船

假设每天中午有一艘轮船从上海开往旧金山，并在每天同一时间属于同一公司的一艘轮船从旧金山开往上海。轮船单程耗时 7 昼夜。请问今天中午从上海开出的轮船，将会遇到几艘同一公司的轮船从对面开来？

答案：15 艘船

解释：常有人会作出不正确的回答，只考虑到轮船出发以后开出的轮船，而忘了已经在途中的轮船。因此，从上海到旧金山的轮船，除在海上会遇到 13 艘轮船外，另外还遇到两艘：一艘是在开航时遇到的从旧金山开来的轮船；一艘是在到达旧金山时遇到的正从旧金山开出的轮船。即一共遇到 15 艘船。

有用的经线和纬线

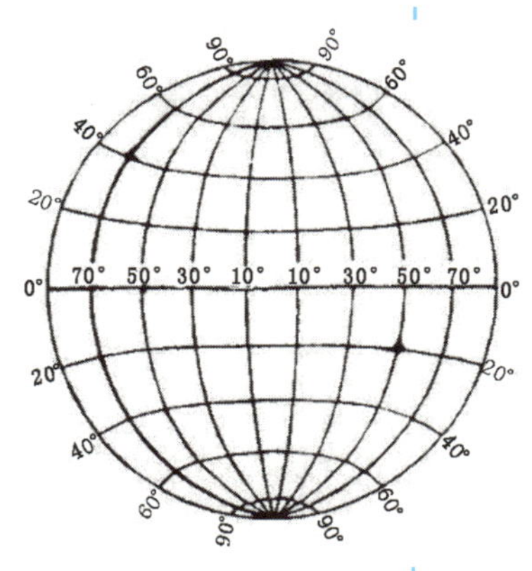

同学们，你们注意了吗？地球仪上有许多纵线，它们连接着南、北极，这叫作经线。还有许多条不一样长的横线，这叫作纬线，在地球仪的中间有一条最长的横线，这叫作赤道。经线和纬线并不是实际存在的，而是人们为了精确地表明各地在地球上的位置，给地球表面假设的。为了区分每一条经纬线，人们给它们分别标注了度数，这就是经度和纬度。赤道的纬度是零度，自赤道向南、北各有 90°。南纬 90° 是南极，北纬 90° 是北极。国际上规定，把通过英国格林威治天文台原址的那一条经线定为零度，也叫本初子午线，从零度经线算起，向东、西各分作 180°，零度以东属于东经，以西属于西经。

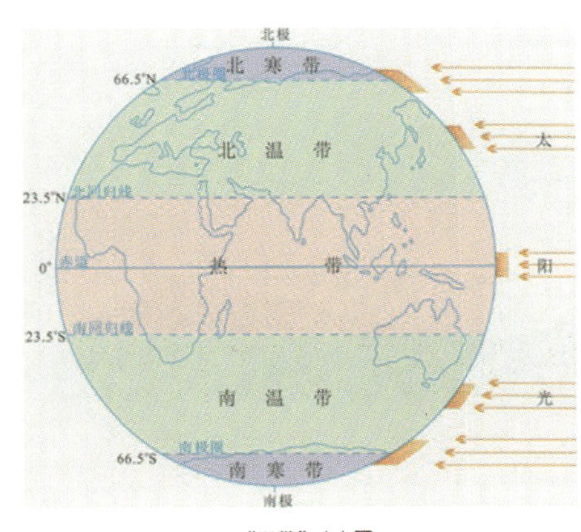

“五带”分布图

>> 根据阳光划分的五带

人们根据太阳的照射在地球表面的分布情况，把地球表面划分为五个带，分别为热带、北温带、南温带、北寒带和南寒带。回归线（约为南北纬 23.5°）是热带与温带的分界线，极圈（约为南北纬 66.5°）是温带与寒带的分界线。热带是位于南、北回归线之间、有阳光直射现象的纬度范围；寒带位于极圈和极点之间、有极昼或极夜现象的纬度范围；温带位于回归线和极圈之间，该范围内既无阳光直射现象，也无极昼和极夜现象。赤道是地球上最热的地方，越是离赤道近的地方，那里就越热；越是离南、北极近的地方，那里就越冷。

肚皮笑笑破

朱家一株竹，竹笋初长出，朱叔处处锄，锄出笋来煮，锄完不再出，朱叔没笋煮，竹株又干枯。

我来考考你

1. 地球上的五带指的是 ______、______、______、______和______。
2. 地球仪上有许多纵线，它们连接着南、北极，这叫作________。还有许多条不一样长的横线，这叫作______，在地球仪的中间有一条最长的横线，这叫作______。

地球内外圈层

同学们，我们每一天都生活在大地上，可是你们有没有想过地球是什么样的？换句话说，你们知道地球的内外构造吗？

地球内部可以分为三个部分：地壳、地幔和地核。地球的外部圈层可分为四

小重山

（宋）岳飞

昨夜寒蛩不住鸣，惊回千里梦，已三更。起来独自绕阶行，人悄悄，帘外月胧明。　白首为功名，旧山松竹老，阻归程。欲将心事付瑶琴，知音少，弦断有谁听？

个部分：大气圈、水圈、岩石圈和生物圈。这就是我们所生活地球的内外结构状况，你知道了吗？

地球的外层——地壳

地壳是地球内部结构中最外的一层，是由岩石组成的外壳。地壳的厚度不是均匀的，大陆地区壳厚，如青藏高原地区厚度达 70 千米，大洋地区地壳薄，如大西洋地壳有的地方仅厚 5000 米。海陆地壳的平均厚度约为 33 千米。地壳的上部主要由密度小、比重较轻的花岗岩组成，主要成分是硅、铝元素，称为“硅铝层”。地壳的下部是由密度较大、比重较重的玄武岩组成，主要成分是镁、铁、硅元素，称为“硅镁层”。在地壳的最上层，是一些较薄的沉积岩、沉积变质岩和风化土，它们是地壳的表皮。在地壳中，蕴藏着极为丰富的矿产资源，目前已探明的矿物已有 2000 多种，其中以金、银、铜、铁、锡、煤、石油、天然气等为主，它们是人类文明不可缺少的宝贵资源。

洋话天天说

A：Don't put things everywhere.
B：OK. I will put them as they are.
A：不要乱放东西。
B：好的。我把它们整理好。

熔岩的圈层——地幔

地幔是地壳和地核之间的中间层，它厚约 2900 千米，约占地球总体积的 83.3%，是地球三大圈层中体积最大、质量最大的一层。地幔又分为上地幔（350 千米深度以上）和下地幔。上地幔中存在一个“软流层”，软流层之上为相对坚硬的上地幔的顶部。通常把上地幔顶部与地壳合称“岩石圈”。全球的岩石圈板块组成了地球最外层的构造。地球表层的构造运动主要在岩石圈的范围内进行。地幔的温度非常高，能使一部分岩石熔化。岩石熔化就像糖浆一样慢慢地运动。地壳因此受到挤压，发生断裂，就有了大陆板块碰撞和漂移的现象。下地幔温度、压力和密度都要比上地幔增大，物质逐渐呈可塑性固态。

地球的核心——地核

地核是地球内部结构的中心圈层，是地球的核心部分。地核在地下2900～5100千米，占整个地球质量的31.5%，体积占整个地球的16.2%。地核又分为内地核和外地核。外地核呈液体熔融状态，主要由铁、镍及一些轻元素组成，它们可以流动，这层液态外核为内核的旋转提供了条件。内核呈固态，成分以铁为主。由于地核在地球的最深处，受到的压力很大，外核的压力已达到136万个大气压，核心部分高达360万个大气压。地核内部的温度高达2000℃～5000℃。

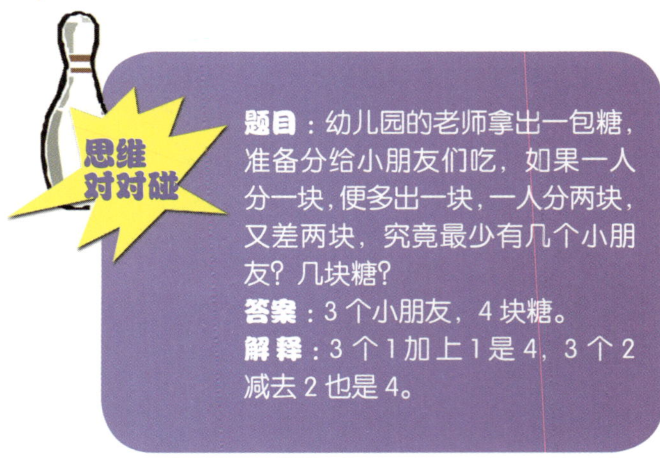

题目：幼儿园的老师拿出一包糖，准备分给小朋友们吃，如果一人分一块，便多出一块，一人分两块，又差两块，究竟最少有几个小朋友？几块糖？

答案：3个小朋友，4块糖。

解释：3个1加上1是4，3个2减去2也是4。

繁殖生命的环境——地球外部圈层

地球的外部圈层包括大气圈、水圈、岩石圈和生物圈。

大气圈是一个气体构成的圈层，它包围着海洋和陆地。大气圈的厚度有几万千米，大气的主要成分是氮和氧。其中氮气占78%，氧气占21%。水圈包括海洋、江河、湖泊、沼泽、冰川和地下水等。它是一个连续但不很规则的圈层。水圈中的主体水是海洋水。它的质量约为陆地水的35倍。岩石圈主要由地壳和地幔的顶部组成，平均厚度约为100千米。生物圈是地球上出现并感受到生命活动影响的地区。

黑化肥发灰，灰化肥发黑。黑化肥发黑不发灰，灰化肥发灰不发黑。

我来考考你

1．下列各项中的（　　）不属于地球的内部构造。
A．地壳　B．大气圈　C．地核　D．地幔
2．你知道地球外部圈层都包括什么吗？都有什么作用呢？

地球的演变

地球并不是一成不变的，地球刚刚诞生时的样子和现在完全不一样。从诞生的那一刻起，它就在不停地演变着。地球自身的形成、沧海桑田的变幻以及生命的从无到有……在诞生后的46亿年的岁月里，地球一直进行着缓慢却又十分深刻的变化。同学们，今天，我们就是要从时间留给我们的线索中，去寻找地球昔日的足迹。

千古之谜——地球的形成

大约在50亿年前，银河系里弥漫着大量的星云物质。它们因自身引力作用而收缩，在收缩过程中产生的旋涡使星云破裂成许多“碎片”。其中，形成太阳系的那些碎片，就称为“太阳星云”。太阳星云中含有不易挥发的固体尘粒。这些尘粒相互结合，形成越来越大的颗粒环状物，并开始吸附周围一些较小的尘粒，从而体积日益增大，逐渐形成了地球星胚。地球星胚在一定的空间范围内运动着，并且不断地壮大自己。于是，原始地球就形成了。原始地球经过不断运动和壮大，最终形成了今天的模样。地球的年龄被认为是46亿年左右。太阳系行星也都是这个年龄。

漫长的岁月——地球的年龄

很久以前，人们就想知道地球的年龄有多大。最早用科学方法探究地球年龄的人是英国物理学家哈雷。他认为，研究大海中盐分的起源，就可能知道地球的年龄。1862年，英国物理学家汤姆生经过研究，认为地球的年龄在2000万～4000万年之间。到了20世纪，科学家找到了测量地球年龄的好办法——同位素地质测定法。根据这种办法，科学家找到的最古老的岩石有38亿岁。这就说明，地球的年龄一定大于这个数字。现在，大多数科学家们都认为，地球的年龄大约有46亿岁了。

一片死寂——寒武纪之前

寒武纪的开始，标志着地球进入了生物大繁荣的新阶段。而在寒武纪之前，地球已经形成几十亿年了。在这漫长的岁月中，整个地球一片死寂，那时地球上还没有出现任何种类的生物。科学家们便把寒武纪之前这一段漫长而缺少生命的时间称作“前寒武纪”。前寒武纪约占全部地球年龄的 5/6，由于没有足够的生物证据，我们对地球的这段历史了解得很少。根据有关生命活动迹象的宝贵资料，也是为了研究上的便利，地质学家把漫长的前寒武纪分为太古代、元古代两部分。

夜宿山寺
（唐）李白

危楼高百尺，手可摘星辰。
不敢高声语，恐惊天上人。

遥远的太古代

太古代的时限自 38 亿年前到 26 亿年前。它是地球形成后的初始期，当时的地球表面到处是山和荒漠，由于年代久远，很难寻觅到化石，人们对这一时期的生命活动了解得很少。但 20 世纪后半期，科学家们陆续在南非和澳大利亚获得了重大收获，在变质程度不太剧烈的沉积岩层中发现了叠层石，这是微生物和藻类活动的产物。在南非的一套古老沉积岩中，科学家们借助先进的精密观测仪器，发现了 200 多个与原核藻类非常相似的古细胞化石，这些微体化石一般为椭圆形，这是人们到现在为止发现的最古老、最原始的化石，也是在太古代地层中发现生物的最有说服力的证据。

生命开始繁荣——元古代

元古代的时限自 26 亿年前至 5.7 亿年前。在这这一阶段的早期，火山活动仍相当频繁，生物界仍处于缓慢的、低水平的进化状态。到距今 13 亿年前，已有最低等的真核生物——绿藻出现，由于这些光合生物的发展，大气圈已有更多的氧气。在元古代晚期，火山活动大为减弱，地表出现广泛的冰川，为生物发展的多样性提供了自然条件，人们在这一时期的古老地层中发现过微古植物化石、宏观藻类化石和叠层石。仅在我们中国，古生物学家就已发现

元古代不同时期的微古植物化石近 200 种。生命在元古代得到进一步繁荣，那时的地球已不再是毫无生机了。

承前启后——震旦纪

在元古代末期，从 8.5 亿年前到 5.7 亿年前这一段时间，被人们称为“震旦纪”。震旦纪的命名地是在中国，“震旦”的原义就是指中国，古印度就称华夏大地为震旦，德国地质学家首先把它用于地层学，后来许多学者都仿效使用。震旦纪在生命演化历程中具有承前启后的意义，这一阶段生物界的演化比之前要迅速得多，形成一些有特色的生物群。到震旦纪晚期的时候，古植物属种繁多；而新的动物种类也大量出现，中国震旦纪地层中发现的主要有蠕形动物和腔肠动物。

原始生命的形成——古生代

古生代是显生宙第一个代，从字面上来看，它的含义是“古老生物的时代”。古生代约开始于 5.7 亿年前，结束于 2.3 亿年前。古生代分为早、晚古生代两部分，共有六个纪。早古生代包括寒武纪、奥陶纪和志留纪，晚古生代包括泥盆纪、石炭纪和二叠纪。动物群以海生无脊椎动物中的三叶虫、软体动物和棘皮动物最繁盛。在奥陶纪、志留纪、泥盆纪、石炭纪，相继出现低等鱼类、古两栖类和古爬行类动物。鱼类在泥盆纪达到全盛。在石炭纪和二叠纪，昆虫和两栖类动物繁盛。古植物在古生代早期以海生藻类为主，到志留纪末期，原始植物开始登上陆地。泥盆纪以裸蕨植物为主。石炭纪和二叠纪时，蕨类植物特别繁盛，形成茂密的森林，这是煤形成的重要时期。

大量生物出现——寒武纪

寒武纪是古生代的第一个纪，大约开始于 6 亿年前，到 5 亿年前结束，共经历了 1 亿年的漫长时间。从名字上听来，寒武纪给人以阴冷恐怖的感觉，实际上，寒武原本是英国威尔士西部一座山脉的名称，只因地质学家在这里进行过详细的研究，发现过许多那一时期的生物化石并确认了相应的地层，所以才被作为一个专门的名称使用到现在。目前，寒武纪这个名字被全世界广泛应用，它代表地球上有大量生物开始出现的新时期。

海生动物空前发展——奥陶纪

奥陶纪是古生代的第二个纪，开始于距今5亿年前，延续了6500万年。奥陶纪的生物界较寒武纪更为繁盛。当时气候温和，世界许多地方都被浅海海水掩盖。在奥陶纪广阔的海洋中，海生无脊椎动物空前发展，其中以笔石、三叶虫以及鹦鹉螺类和腕足类最为重要，腔肠动物中的珊瑚，棘皮动物中的海百合，节肢动物中的介形虫，苔藓动物等也开始大量出现。奥陶纪中期，出现了原始脊椎动物——星甲鱼和显褶鱼。这一时期没有出现新型的代表植物，仍以海生藻类为主。

生物史转折点——志留纪

志留纪是早古生代的最后一个纪，也是古生代第三个纪。本纪始于距今4.35亿年前，延续了2500万年。在志留纪的时候，地球表面发生了显著的变化，海水开始消退，而陆地逐渐上升。大陆面积显著扩大，生物界也发生了巨大的演变，这一切都标志着地壳历史发展到了转折时期。志留纪的生物比奥陶纪类别更加繁多。海生无脊椎动物在志留纪时仍然占重要地位，但一些种类开始显著减少（比如三叶虫）。脊椎动物中的无颚类进一步发展，有颌的盾皮鱼类和棘鱼类出现，这在脊椎动物的演化史上是一重大事件，鱼类开始征服水域。除了海生藻类仍然繁盛以外，陆生植物中的裸蕨植物首次出现，植物终于从水中开始向陆地发展，这是生物演化的又一重大事件。

A：Your hands are dirty. Go and wash them.
B：OK. But there is no water.
A：你的手脏了，去洗洗吧。
B：好的。可是这没有水。

古地理变化——泥盆纪

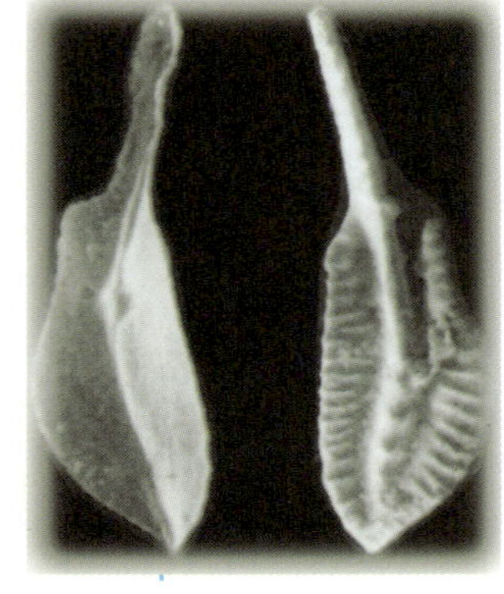

泥盆纪大约开始于4.05亿年前，结束于3.5亿年前，持续约5000万年。在泥盆纪，陆地面积进一步扩大，生物界也发生了巨大的变革。在无脊椎动物方面，昆虫和蜗牛等第一次出现，海洋中的鹦鹉螺等无脊椎动物也被新出现的菊石等替代；在脊椎动物方面，鱼类得到了空前的发展，有颌类、甲胄鱼数量和种类增多，现代鱼类——硬骨鱼开始发展。因此，泥盆纪常被称为“鱼类时代”。在植物方面，泥盆纪中期以后，蕨类和原始裸子植物开始出现。

生成煤炭的石炭纪

石炭纪开始于距今约3.55亿年至2.95亿年前，延续了约6000万年。由于这一时期形成的地层中含有丰富的煤炭，因而得名"石炭纪"。石炭纪时陆地面积不断增加，气候温暖湿润，沼泽遍布。大陆上出现了大规模的森林，给煤的形成创造了有利条件。石炭纪是两栖动物大发展时期，这些动物的卵和幼年期仍生活在水中，成年期为水陆两栖，以肺呼吸，四肢爬行。在石炭纪晚期，脊椎动物的进化出现一次飞跃，从此摆脱了对水的依赖。生活在陆上的昆虫，如蟑螂类和蜻蜓类，是石炭纪突然崛起的一类陆生动物。石炭纪是植物世界大繁盛的代表时期，真蕨类和种子蕨类也开始迅速发展。裸子植物中的一些乔木，成为造煤的重要材料之一。

生物大灭绝——二叠纪

二叠纪开始于距今约2.95亿年前，延至距今2.5亿年前，共经历了4500万年。陆地面积的进一步扩大，海洋范围的缩小，自然地理环境的变化，促进了生物界的重要演化，预示着生物发展史上一个新时期的到来。脊椎动物在二叠纪发展到了一个新阶段。鱼类和两栖类进一步繁荣，爬行类有了新发展，而早期哺乳动物也开始出现。在植物方面，二叠纪出现了银杏、苏铁、本内苏铁、松柏类等新型裸子植物。二叠纪末期，全球发生了历史中规模最大的生物灭绝事件。研究表明，陆生生物大约70%的物种灭绝，海洋中则至少有90%的物种消失。

恐龙时代——中生代

中生代是显生宙第二个代，从2.5亿年前到约6500万年前。按照时间顺序，中生代包括三叠纪、侏罗纪和白垩纪。中生代时，爬行动物（恐龙类、鱼龙类、翼龙类等）空前繁盛，所以中生代又被叫作"爬行动物时代"或者"恐龙时代"。中生代时出现了鸟类和哺乳类动物。海生无脊椎动物以菊石类繁盛为特征，故也称"菊

题目：有两对母女去集市，她们每人各买了一双袜子，到家一看却只有三双，为什么？

答案：这两对母女是外婆、妈妈和女儿。

解释：两对母女并不一定是四个人，有时也可能是三个人。

石时代”。中生代植物，以真蕨类和裸子植物最繁盛。到中生代末，被子植物取代了裸子植物而居重要地位。中生代末发生了著名的生物灭绝事件，有 50% 的生物灭绝，特别是恐龙类绝灭，菊石类全部绝灭。有人认为生物绝灭事件与地外小天体撞击地球有关，但真正原因有待进一步研究确定。

裸子植物兴盛的三叠纪

三叠纪是中生代的第一个纪，始于距今 2.5 亿年至 2.03 亿年，延续了约 5000 万年，是古生代生物群灭绝后，现代生物群开始形成的过渡时期。这个时期，脊椎动物得到了进一步的发展。其中，槽齿类爬行动物出现，并从它发展出最早的恐龙，三叠纪晚期，恐龙已经是种类繁多的一个类群了，在生态系统中占据了重要地位。所以，也被叫作“恐龙时代前的黎明”。三叠纪早期的植物大多是一些耐旱的类型，随着气候由半干热、干热向温湿转变，植物渐渐繁茂起来，低丘缓坡则分布有和现代相似的常绿树，如松、苏铁等，而盛产于古生代的主要植物群几乎全部灭绝。

恐龙鼎盛的侏罗纪

侏罗纪是恐龙的鼎盛时期，开始于距今约 2.03 亿年前，延至 1.44 亿年前，共经历了约 6000 万年。在三叠纪出现并开始发展的恐龙已迅速成为地球的统治者。各类恐龙千姿百态，构成了一幅龙的世界。当时除了陆上身体巨大的雷龙、梁龙等，水中的鱼龙和飞行的翼龙等也大量发展和进化。鸟类的出现则代表了脊椎动物演化的又一个重要事件，同时侏罗纪的昆虫更加多样化，大约有 1000 种以上的昆虫生活在森林中和湖泊、沼泽附近。

天上一颗星，地下一块冰，屋上一只鹰，墙上一排钉。抬头不见天上的星，乒乓乒乓踏碎地下的冰，啊嘘啊嘘赶走了屋上的鹰，稀里稀里拔掉了墙上的钉。

被子植物崭露头角——白垩纪

白垩纪始于距今 1.37 亿年前，结束于距今 6500 万年前，其间经历了 7000 万年。在这一时期，大陆之间被海洋分开，地球变得温暖、干旱。被子植物的出现，是植物进化史中的又一次重要事件，他们代替了裸子植物的优势地位，形成延续至今的被子植物群。与此同时，许多新的恐龙种类也开始出现，如大型肉食性恐龙、甲龙类恐龙以及鸭嘴龙类恐龙。恐龙仍然统治着陆地，翼龙和巨大的海生爬行动物则分别统治着天空和海洋。许多新的小型哺乳动物也在这一时期出现了。白垩纪末，地球上的生物经历了又一次重大的灭绝事件：居统治地位的爬行动物大量消失，恐龙完全灭绝；一半以上的植物和其他陆生动物也同时消失。

全新的时代——新生代

新生代是地质历史上最新的一个代，它从6400万年前开始一直持续到今天。随着恐龙的灭绝，中生代结束，新生代开始。由于生物界逐渐呈现了现代的面貌，所以被称为“新生代”。新生代以哺乳动物和被子植物的高度繁盛为特征，所以，新生代又称为“哺乳动物时代”或“被子植物时代”。新生代包括第三纪和第四纪。在第三纪与第四纪之交，高等哺乳动物——人的出现，标志着生物发展史进入了一个全新的时代。

哺乳动物繁盛——第三纪

第三纪始于距今6500万年前，一直延续到距今180万年前。第三纪的重要生物类别是被子植物、哺乳动物、鸟类、真骨鱼类等，这与中生代的生物界面貌大不相同，标志着现代生物时代的来临。这个时期，脊椎动物的变化主要表现在爬行动物的衰亡，哺乳类、鸟类和真骨鱼类兴起且高度繁盛。第三纪的早期，仍生活着古老、原始的哺乳动物；到了中期，现代哺乳动物的祖先先后出现，逐渐代替了古老、原始的哺乳动物；第三纪晚期，现代哺乳动物群逐渐形成，更是偶蹄类和长鼻类繁盛的时期，马的进化尤其快。

人类出现——第四纪

地质学家把人类开始出现以来到现在为止的地质历史叫作第四纪，它从180万年前开始一直持续到今天。第四纪也叫作第四纪冰川期，通常所说的冰河时代就是指这个时期。这是地球气候异常剧烈变动的一个时期，也是人类进化发生的时期，有着非常特殊的意义。在此期间，地球气候曾经发生过很多次的冷暖变化，寒冷的冰期和相对温暖的间冰期交替出现。冰川反复扩张又缩减，在极盛期曾盖住地球30%的表面。第四纪生物界的面貌已很接近于现代。高等陆生植物的面貌在第四纪中期以后已与现代基本一致。哺乳动物的进化在此阶段最为明显，而人类的出现与进化则更是第四纪最重要的事件之一。

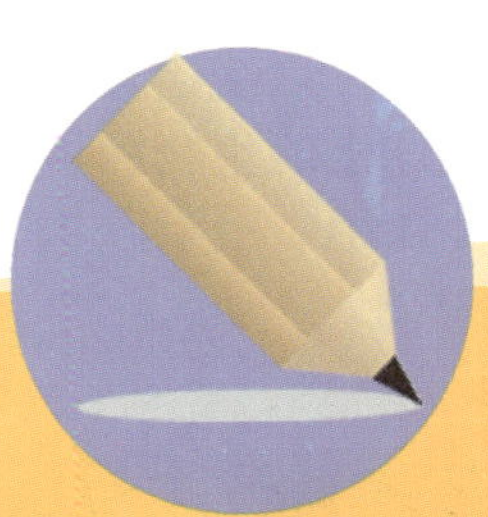

我来考考你

1. 中生代是由 ______ 、______ 和 ______ 三个纪组成的。
2. 根据地质年代的划分，人类和恐龙分别出现在哪个纪？（ ）
   A. 第三纪和三叠纪　B. 第四纪和侏罗纪
   C. 第三纪和侏罗纪　D. 第四纪和三叠纪
3. 你知道地球是怎样形成的吗？

地球的运动

我们知道，地球可不是静止不动的，它时刻都在运动着。不仅在绕着地轴自转，还绕着太阳公转。我们的地球像一只陀螺，绕着地轴不停地自西向东旋转。于是，我们便有了昼夜交替。同自转一样，地球公转的方向也是自西向东的。由于地球的公转运动，产生了春、夏、秋、冬四季。除此之外，地球还有其他的运动形式。

诗词贝贝乐

月下独酌
（唐）李白

花间一壶酒，独酌无相亲。
举杯邀明月，对影成三人。
月既不解饮，影徒随我身。
暂伴月将影，行乐须及春。
我歌月徘徊，我舞影零乱。
醒时同交欢，醉后各分散。
永结无情游，相期邈云汉。

“旋转的陀螺”——地球的自转

同学们，你们玩过陀螺吗？陀螺会绕着一根轴飞快地转动，其实我们脚下的地球也是这样运转的。地球自转所围绕的轴叫地轴，但这个“地轴”是人们假想出来的，实际上并不存在。由于地球是一个球体，它的纬度长短不同，所以在地球上的不同地点，自转的速度也不一样：赤道上的自转速度为每秒465米，从赤道向两极地区逐渐递减，到两极处速度降为零。我们见到的好多现象都是由地球自转产生的，如太阳东升西落、昼夜更替、不同地区会有时间差异等。20世纪初，科学家们发现，地球的自转速度不是均匀的，由于受地表潮汐的影响，地球的自转速度在逐渐减慢。除此之外，地球的自转速度还有季节性的周期变化和时快时慢的不规则变化。

白天和黑夜——昼夜的形成

我们知道，地球在一刻不停地绕着“地轴”旋转。当地球旋转时，它面对太阳的一面是昼半球，背对太阳的一面则是夜半球。地球上昼半球和夜半球的分界线是晨昏线。在日出以前和日落以后的这一段时间内，天空还是相当明亮的，或者可以说处于半光明状态，但这段时间既不是真正的黑夜，也不是真正的白昼，这种现象在天文学上被称之为“晨昏蒙影”。晨昏蒙影是由于大气分子以及其中的尘埃粒子对于太阳光线发生散射和反射的结果。所以，我们日常生活中所说的“白天”和“黑夜”与以晨昏线为界的“昼”和“夜”从时间长短上来说是不一样的。我们所说的“白天”要比“昼”长一些，而“黑夜”则要比“夜”短一些。

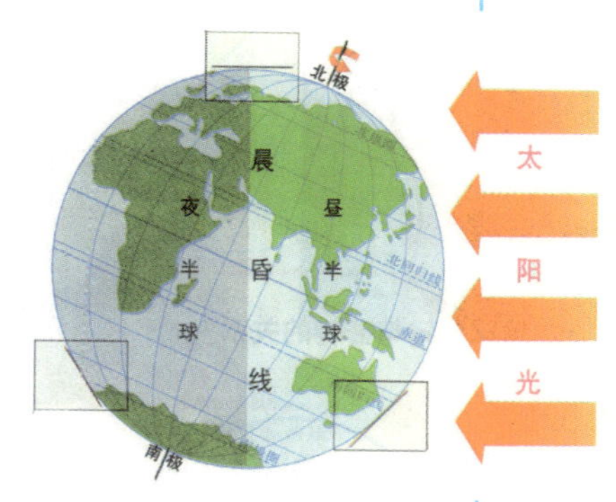

地球围着太阳转——公转

地球在自己转动的同时，也在一刻不停地围绕着太阳转动。我们把地球环绕太阳的运动称为“地球公转”。同自转一样，地球公转的方向也是自西向东。地球公转的轨道总长为 94000 万千米，是一个近似正圆的椭圆形，太阳正好是这个椭圆的焦点之一。随着太阳自身的运动、变化，地球和太阳之间的距离也有远和近的变化。每年的 11 月初，地球位于“近日点”；而每年的 7 月时，地球则位于“远日点”。在近日点时，地球的公转速度比在远日点时快。地球公转平均速度为每秒 29.79 千米，公转一周所需要的时间为 365 天 48 分 46 秒。

A：How many lions can you see?
B：I can see two.
A：你能看到多少只狮子？
B：我能看到两只。

春夏秋冬——四季的交替

由于地球的公转运动，产生了正午时太阳高度和昼夜长短的周年变化，使不同地区在一年中所获得的太阳光照的多少不同，这样就产生了季节的变化，四季变化在中纬度地区表现最为明显。夏季是一年内白天时间最长、太阳高度最高的季节；冬季是一年内白天时间最短、太阳高度最低的季节；春、秋两季则是冬、夏两季的过渡季节，白天和黑夜时间相差最短。由于地球是倾斜着绕太阳旋转的，才使得太阳光的直射以赤道为中心，以

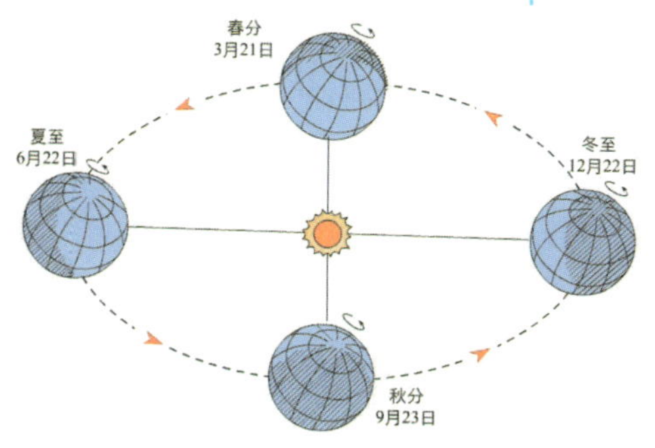

南北回归线为界限南北扫动，每年一次，循环不断，从而形成了地球上的一年中春、夏、秋、冬四季顺序交替的现象。

题目：追赶帽子

有一艘小船在一条每小时流速 1 公里的河中逆流而上，在中午 12 点整时，船上有个乘客不小心帽子掉进河里，于是马上叫船夫将船调头去找帽子，可是船夫没听到。这时帽子已经顺着河水流了 100 米，之后，船夫才把船暂停，调头去追帽子。请问十二点几分会追到帽子？这艘船在河水静止时的航速是每分钟 20 米。

答案：12：10

解释：道理很简单，河水的流速对小船和帽子而言，都是保持一定的方向和速度，所以，河水的流速可以完全不考虑，当成是静止状态来思考即可。就如同你在行驶中的火车车厢内，不慎将帽子掉落在车厢地板上，而你仍继续向车尾走去，直到离帽子 100 米后才转身向帽子，这一来一回 200 米的距离，以每分钟 20 米的速度，须花费 10 分钟，才能捡回帽子。

克服时间混乱——时区

地球是自西向东自转，东边比西边先看到太阳，东边的时间也比西边的早。以前，人们通过观察太阳的位置（时角）决定时间，这就使得不同经度的地方时间有所不同（地方时）。所以为了克服时间上的混乱，1884 年在华盛顿召开的一次国际经度会议上，规定将全球划分为 24 个时区。规定英国格林尼治天文台旧址为中时区（零时区）、东 1 ~ 12 区，西 1 ~ 12 区。

每个时区中央经线上的时间就是这个时区内统一采用的时间，称为“区时”，相邻两个时区的时间相差 1 小时。例如，中国东 8 区的时间总比泰国东 7 区的时间早 1 小时，而比日本东 9 区的时间迟 1 小时。

因此，出国旅行的人，必须随时调整自己的时间，以与当地时间保持一致。凡向西走，每过一个时区，就要把时间调慢 1 小时；凡向东走，每过一个时区，就要把时间调快 1 小时。

认识从实践始，实践出真知。知道就是知道，不知道就是不知道。不要知道说不知道，也不要不知道装知道，老老实实，实事求是，一定要做到不折不扣地真知道。

地球的抖动——地壳运动

地壳并不是静止不动的，而是在不停运动着。地壳运动指在地球内部动力作用下，地壳变形或变位的过程，又叫作地壳变动或构造运动。地壳运动的基本形式为水平运动和垂直运动。水平运动常表现为地壳岩层的水平移动，形成巨大的褶皱和断裂构造，造成大陆漂移和海底扩张，水平运动又称为“造山运动”；垂直运动常表现为大规模的隆起和凹陷，并引起地势高低的变化和海水的进退，垂直运动又称为“升降运动”或“造陆运动”。地壳运动在时间上多表现为活跃期和宁静期的交替出现。在空间上多表现为相对活动区与相对宁静区的相间分布，其中，活动区多呈条带状出现，宁静区多呈块状出现。

大陆的漂移——板块运动

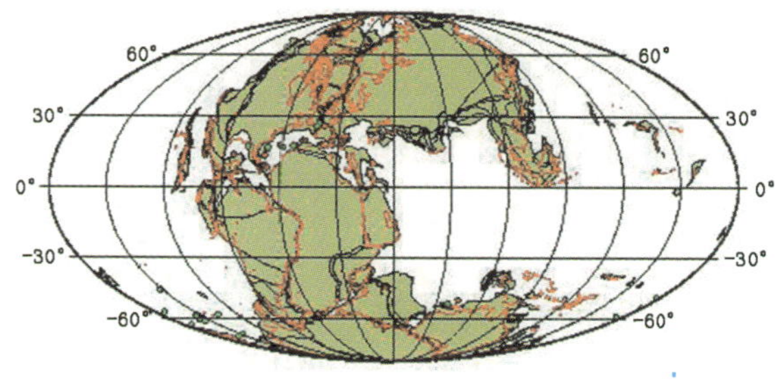

1910 年，德国的地球物理学家魏格纳在翻阅世界地图时，发现一个有趣的现象：南大西洋的两岸——非洲的西海岸和南美洲的东海岸，轮廓非常相似，南美洲大陆的凸出部分正好能和非洲凹进的部分凑合起来。魏格纳于是提出了一个大胆的假设：地球上所有的大陆曾经连接在一块，后来分裂开各自漂移到现在的位置，这就是板块学说的开始。现在的科学家认为全球的岩石圈可分为六大板块，即太平洋板块、欧亚板块、印度洋板块、非洲板块、美洲板块和南极洲板块。板块的运动不仅会使大陆漂移，还会造成火山喷发和地震等地质活动。

我来考考你

1. 当地球旋转时，它面对太阳的一面是________，背对太阳的一面则是________。
2. 由于地球是一个球体，它的纬度长短不同，所以，在地球上的不同地点自转的速度也不一样。赤道上的自转速度为每秒多少米？（　　）
   A.464　B. 465　C.466　D.467

地球的“脾气”

地球是人类的摇篮，自从人类诞生以来，就一直生活在它的怀抱里。可是地球母亲并不一直都是温和的，她也有“发脾气”的时候。地球发的“脾气”就是我们常说的自然灾害，这些自然灾害会给人们的生产生活带来或大或小的破坏。尽管它们不可避免，但人类在长期的实践中总结出了规律，找到许多控制其破坏程度的好办法。

›› 喷火的大山——火山

从表面上看，火山和一般的山区别不大。它是地球内部炽热的岩浆喷发出地面而形成的堆积体。不仅陆地上的火山会喷发，海底也有火山爆发。火山喷发是非常恐怖的，它会把地球深处的熔岩、燃烧的气体和火山灰从火山口喷发出来。炎热的岩浆滚滚而出，成为岩熔流，从边缘向下流去，它的温度足以致生物于死地。岩熔流冷却后，就会变成坚硬的岩石。另外，火山还常常喷射出可见或不可见的光、电、磁和放射性物质。这些物质有时能使电器、仪表等失灵，使飞机、轮船失事。火山喷发是一种不可避免的自然灾害，它虽然能给人类带来灾难，但也能给人带来好处。它能给人类提供富饶的土地、热能和许多种矿产资源。火山附近有许多温泉，在里边洗澡，还能治病呢！

›› 火山的分类

并不是所有的火山都能够喷发。有些火山在数百万年以前就喷发过，但现在已不再活动，这样的火山被叫作死火山；不过也有的火山随着地壳的变动会突然喷发，人们把它们叫作休眠火山；人类出现以来，经常喷发的火山叫作活火山。目前，地球上约有 2000 座死火山，500 座活火山，它们主要分布在环太平洋、地中海、非洲东部和大西洋底部。我国现已发现的火山有 600 多座，其中绝大多数是死火山，也有少数火山暂时处于休眠状态，如长白山的白头山、黑龙江省的五大连池。只有少数火山近代有活动，新疆于田附近昆仑山中的火山，1951 年就曾经爆发过。

›› 岩浆的出口——火山口

火山喷发时，气体、岩浆、固体等物质向外排出的出口叫作火山口。绝大多数火山都是多次喷发，有多个火山口。少数只有一个火山口，每次喷发都是从最初的火山口喷出。除了这种中心喷发以外，还有裂隙喷发，即喷发物质从地壳裂隙处喷出来，它形成的火山口是比较多的。火山口中有一类较特殊的，叫“破火山口”。它是因火山喷发太过猛烈，大量的岩浆一下子将火山颈和周围的岩石冲开，这种喷发所造成的火山口，直径往往超过5000米，猛烈的爆发除了形成破火山口外，还使火山的高度大大降低。

颤抖的大地——地震

同学们，你们一定听说过可怕的地震，但是你们知道地震是怎样发生的吗？地震是地球内部的变动引起的地壳震动，一般分为构造地震、火山地震和陷落地震三种。其中，构造地震的影响最大，当地壳中的岩层发生弯曲和倾斜时，如果其力量超过岩层的承受能力，岩层就会突然间断裂或错位，长期聚集起的能量从中释放出来，破坏力巨大。有时一次地震释放出来的能量相当于10万颗普通的原子弹爆炸。1960年5月，智利莱布在短短的30多小时内至少发生了5次7级以上的强烈地震，有3次更是达到了8级以上，给该地区造成了巨大的灾难。

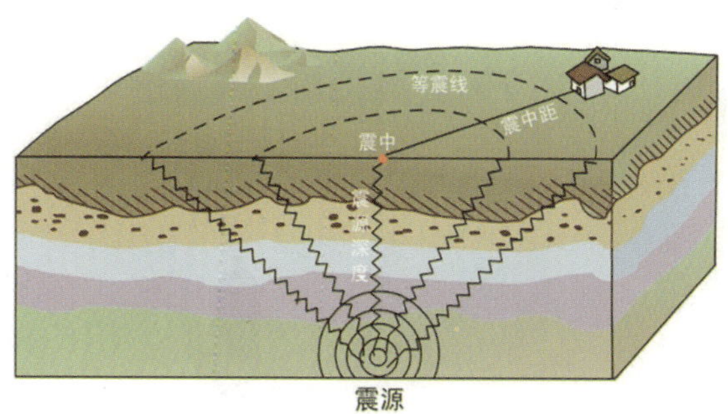

秋浦歌

（唐）李白

白发三千丈，缘愁似个长，
不知明镜里，何处得秋霜？

衡量地震的尺子——震级

地震的强度是不同的，它们有强有弱。地震震级是衡量地震大小的一种度量。每一次地震只有一个震级。震级与震源释放出来的能量多少有关。能量越大，震级就越大；震级相差1级，能量相差约32倍。按震级大小分：7级和7级以上的地震，称为“大震”；7级以下、5级和5级以上的地震称为“强震”或“中强震”；5级以下、3级和3级以上的，称为“小震”；3级以下、1级或1级以上的称“弱震”或“微震”。小于1级的称为“超微震”。

地震活跃的地区——地震带

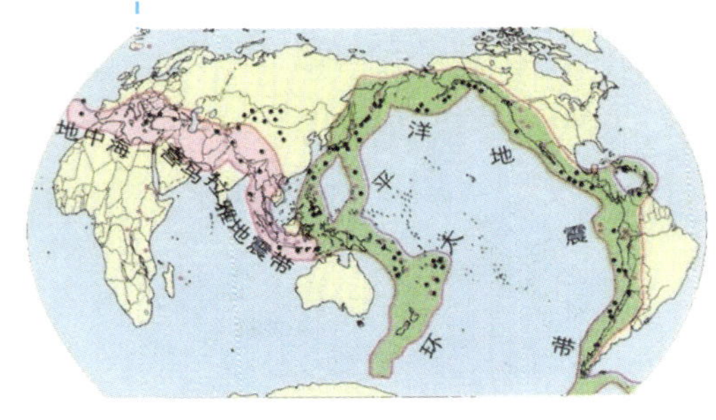

地震带是指过去多次发生过强烈地震，并且中小地震又比较密集的地带。全球有两大地震带，即环太平洋地震带和地中海—喜马拉雅地震带。环太平洋地震带，几乎集中了全世界80%以上的浅源地震，全部的中源和深源地震，所释放的地震能量约占全部能量的80%。每个国家也可以按地震活动性的不同划分小规模的地震带。例如中国，共划分23个地震活动带，另外还有5个容易发生地震的区域，它们分别是台湾地区、西南地区、西北地区、华北地区、东南沿海地区。

怒吼的大海——海啸

平静、深沉的大海也会有发怒的时候，在一定条件下，海水会形成巨大的涨落，这种自然灾害就叫“海啸”。按成因的不同，海啸可以分成四种类型：由气象变化引起的风暴潮、火山爆发引起的火山海啸、海底滑坡引起的滑坡海啸和海底地震引起的地震海啸。无论哪种海啸发生，都会对人们的生命和财产造成威胁。海啸的波长很大，可以传播几千千米，不管海洋有多深，海啸的波都可以传播过去。海啸能迅速越过海岸线，越过田野，迅猛地袭击着岸边的城市和村庄，刹那间吞没人群、港口、建筑物。2004年的东南亚海啸给周边国家造成了巨大的损失。

发狂的泥石——泥石流

简单地说，泥石流就是水、泥沙和石块混合在一起流动。突然降临、来势凶猛和携带巨大的石块是泥石流爆发时的主要特点。当泥石流爆发时，响声特别大，轰隆轰隆的。它会在很短时间内将大量的泥沙和石块冲下山来。沙石像脱缰的野马一样快速奔腾，产生强大的能量。直到山下某个平坦的地方，泥石流才会停下来。泥石流经常发生在峡谷地区和地震火山多发区，它的破坏性极大，所到之处，建筑物、公路、铁路和农田几乎都会被破坏。中国有泥石流沟1万多条，其中的大多数分布在西藏、四川、云南、甘肃。四川、云南多是雨水泥石流，青藏高原则多是冰雪泥石流。中国有70多座县城受到泥石流的潜在威胁。

恐怖的“滑梯”——滑坡

斜坡上的岩石或土地，受到河流冲刷和地震的影响，顺坡向下滑动的自然现象就叫作“滑坡”俗称“走山”“地滑”等。除了以上所说的自然原因之外，人类频繁的工程活动（如矿山开采、水库蓄水等）也能够引发滑坡。江、河、湖（水库）、海的岸坡地带，地形高差大的峡谷地区，山区、铁路、公路、工程建筑物的边坡地段等都是容易发生滑坡的地区。滑坡会给人们带来很大的灾难，但是可以通过及早识别、提前预防以及综合治理等措施来减少它所带来的破坏。

遮天蔽日——沙尘暴

沙尘暴是沙暴和尘暴的总称。简单地说，它就是由很强的大风把地面大量沙尘吹到空中，形成空气变得特别混浊的严重风沙天气。其中沙暴是大风把大量沙粒吹起形成的；尘暴是大风把大量尘埃吹起形成的。沙尘暴对人类危害很大，携带细沙尘埃的大风会摧毁建筑物及公用设施，造成人和牲畜的死亡；农田、村舍、铁路、草场会被大量流沙掩埋，尤其会对交通运输造成严重威胁；沙尘暴还会破坏肥沃的土壤，造成大气污染。

风暴海啸——风暴潮

风暴潮来势凶猛，故有人称之为“风暴海啸”或“气象海啸”。风暴潮是最严重的海洋灾害。它是由强烈大气如热带气旋(台风、飓风)、温带气旋（寒潮）等扰动引起的海面异常升高现象。同时会出现和天文潮（通常指潮汐）叠加时

洋话天天说

A：Excuse me. Do you know Lily's telephone number?

B：Sorry. I can't remember it.

A：打扰一下，你知道莉莉的电话吗？

B：对不起，我没记住。

的情况，常常使其所在的滨海区域潮水暴涨，甚者海潮冲毁海堤海塘，吞噬码头、工厂、城镇和村庄。

根据风暴的性质，风暴潮通常分为由温带气旋引起的温带风暴潮和由台风引起的台风风暴潮两大类。

温带风暴潮多发于春秋季节，夏季也时有发生。其特点是：增水过程比较平缓，增水高度低于台风风暴潮。

台风风暴潮多见于夏秋季节。其特点是：来势猛、速度快、强度大、破坏力强。凡是有台风影响的海洋国家、沿海地区均有台风风暴潮发生。

风暴潮是一种严重的毁灭性的海洋灾害，风暴潮来临的时候，狂风会吹倒房屋、大树及高大建筑物。

“空中死神”——酸雨

酸雨是指 pH 值小于 5.6 的雨、雪或其他形式的降水。雨、雪等在形成和降落过程中，吸收并溶解了空气中的二氧化硫、氮氧化物等物质，形成了 pH 低于 5.6 的酸性降水。

酸雨正式的名称为“酸性沉降”，它可分为“湿沉降”与“干沉降”两大类。湿沉降指的是所有气状污染物或粒状污染物，随着雨、雪、雾或雹等降水形态而落到地面者，干沉降则是指在不下雨的日子，从空中降下来的落尘所带的酸性物质。

酸雨是一种复杂的大气化学和大气物理现象。酸雨中含有多种无机酸和有机酸，绝大部分是硫酸和硝酸，还有少量灰尘。人为的向大气中排放大量酸性物质是酸雨形成的重要的原因。

在国外酸雨被称为“空中死神”，其危害是多方面的。能给地球生态环境和人类社会经济都带来严重的影响和破坏。研究表明，酸雨对水体、土壤、森林、建筑、名胜古迹等人文景观均带来严重危害，不仅造成重大经济损失，更危及人类生存和发展。

题目：小明带 100 元去买一个 75 元的东西，但老板却只找了 5 块钱给他，为什么？

答案：小明只给了老板 80 元。

解释：同学们不要被题目中的 100 元误导，虽然小明带了 100 元，可并没有说他把 100 元都给了老板呀！

强热带气旋——台风

生活在海边的同学对台风不陌生吧？在海洋面温度超过 26℃以上的热带或副热带海洋上，由于近洋面气温高，大量空气膨胀上升，使近洋面气压降低，外围空气源源不断地补充流入上升去。受地转偏向力的影响，流入的空气旋转起来。而上升空气膨胀变冷，其中的水汽冷却凝结形成水滴时，要放出热量，又促使低层空气不断上升。这样近洋面气压下降得更低，空气旋转得更加猛烈，最后形成了台风。气象学上，将热带气旋中心持续风速在 12 ～ 13 级（即每秒 32.7 ～ 41.4 米）称为“台风”。

台风经过时，常伴随着大风和暴雨或特大暴雨等强对流天气。风向在北半球地区呈逆时针方向旋转(在南半球则为顺时针方向)。在气象图上，台风的等压线和等温线近似为一组同心圆。台风中心为低压中心，以气流的垂直运动为主，风平浪静，天气晴朗；台风眼附近为漩涡风雨区，风大雨大。

台风给广大的地区带来了充足的雨水，成为与人类生活和生产关系密切的降雨系统。但是，台风也总是带来各种破坏，台风过境时常常带来狂风暴雨天气，引起海面巨浪，严重威胁航海安全。台风登陆后带来的风暴增水可能摧毁庄稼、各种建筑设施等，造成人民生命、财产的巨大损失。

强风涡旋——龙卷风

龙卷风是在极不稳定天气下由于空气强烈对流运动而产生的一种伴随着高速旋转的漏斗状云柱的强风涡旋。其中心附近风速可达 100 ～ 200 米／秒，最大 300 米／秒，比台风近中心最大风速大好几倍。

龙卷风常发生于夏季的雷雨天气时，尤以下午至傍晚最为多见。龙卷风外貌奇特，它上部是一块乌黑或浓灰的积雨云，下部是下垂着的形如大象鼻子的漏斗状云柱，袭击范围小，直径一般在十几米到数百米之间。龙卷风的存在时间一般只有几分钟，最长也不超过数小时。但是龙卷风的风力特别大，破坏力极强，其经过的地方，常会发生拔起大树、掀翻车辆、摧毁建筑物等现象，有时把人吸走，危害十分严重。

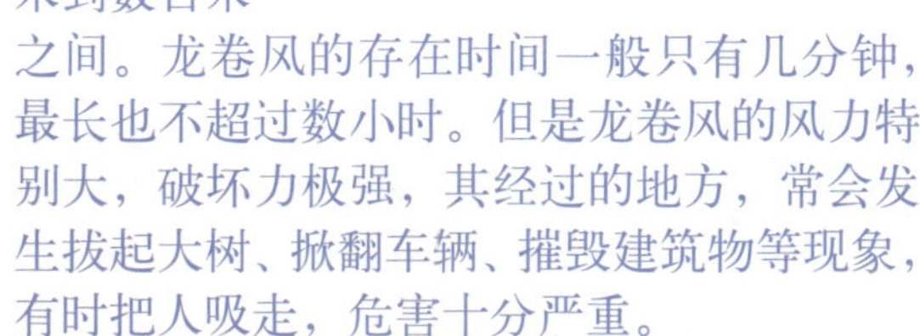

每个陆地国家都出现过龙卷风，其中美国是发生龙卷风最多的国家。加拿大、墨西哥、英国、意大利、澳大利亚、新西兰、日本和印度等国，发生龙卷风的机会也很多。中国龙卷风主要发生在华南和华东地区。

碰碰车，车碰碰，坐着朋朋和平平。平平开车碰朋朋，朋朋开车碰平平，不知是平平碰朋朋，还是朋朋碰平平。

“白色雪龙”——雪崩

雪崩俗称“白色雪龙”，是常年积雪的山中常有的自然灾害，每年都有很多人死于雪崩。雪崩是由于山坡积雪内部的内聚力抗拒不了它所受到的重力拉引时，便向下滑动，引起大量雪体崩塌。也有的地方把它叫作“雪塌方”“雪流沙”或“推山雪”。雪崩还能引起山体滑坡、山崩和泥石流等可怕的自然现象。因此，雪崩被人们列为积雪山区的一种严重自然灾害。

雪崩具有突然性、运动速度快、破坏力大等特点。雪崩发生时，不停地从山体高处借重力作用顺山坡向山下崩塌，崩塌时速度可以达每秒 20 ~ 30 米，随着雪体的不断下降，速度也会突飞猛涨，一般 12 级的风速度为每秒 20 米，而雪崩将达到每秒 97 米。

雪崩能摧毁大片森林，掩埋房舍、交通线路、通信设施和车辆，甚至能堵截河流，发生临时性的涨水。同时，它还能引起山体滑坡、山崩和泥石流等可怕的自然现象。因此，雪崩被人们列为积雪区严重自然灾害。

洪水暴涨——山洪

山洪是指山区溪沟中发生的暴涨洪水。山洪具有突发性、水量集中流速大、冲刷破坏力强等特点，水流中携带泥沙甚至石块等，常造成局部性洪灾。

山洪一般分为暴雨山洪、融雪山洪、冰川山洪等。其形成因素主要包括地质地貌因素、气象水文因素和人类活动因素。

可以通过提高防洪标准、调整人类活动方式、增强山区群众防灾避灾意识，可以达到减少山洪灾害发生频率或减轻其危害的目的。

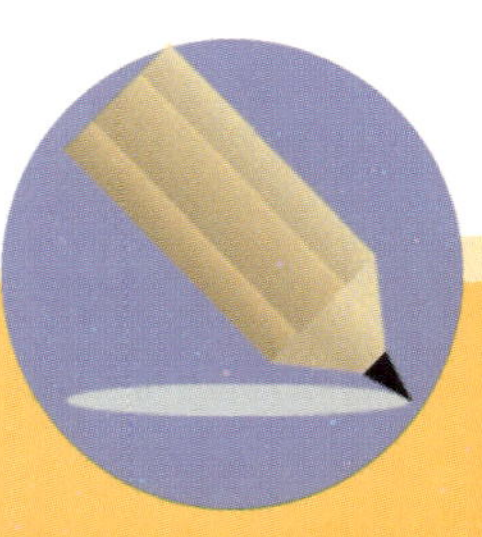

我来考考你

1. 地震可以分为________、________ 和 ________三种类型。
2. 长白山的白头山是一座（　）。

A. 活火山　B. 休眠火山　C. 死火山　D. 海底火山

第二章 鸟瞰地球的面貌

同学们，打开世界地形图，你会发现什么呢？你可以看到，地球上的陆地就像七巧板一样，可以分成大大小小的几块，散布在海洋之中。它们也有名字，大块的叫大陆，小块的叫岛屿。地形图上不同的颜色表示着海拔高度的不同。黄色的是高山和山地，绿色的是平原。原来地球的表面是那样的丰富多彩……

地球的面貌

我们要想知道一个人长什么样，就会去看他的面貌，这是很简单的事。我们要想看看地球长什么样，面貌如何，可不是一件简单的事。我们的地球太大了，我们的地球面貌太复杂了。既有高山大川，又有峡谷盆地。地球的面貌真是丰富多彩啊！

送友人

（唐）李白

青山横北郭，白水绕东城。
此地一为别，孤篷万里征。
浮云游子意，落日故人情。
挥手自兹去，萧萧班马鸣。

山岭和山谷——山地

山地是由山岭和山谷组合而成的高地，是陆地的基本地形。山地由山顶、山坡和山麓三部分组成。山顶是山的最高部分，山可分为平顶、圆顶和尖顶的，通常把具有尖状峰顶的称为“山峰”。山坡是指由山顶到山麓的斜坡，斜坡形态有直形坡、凹形坡、凸形坡和阶梯状坡。山麓是山的最下部，与平原或谷地相接。山地按成因可划分为构造山、侵蚀山和堆积山；山地按海拔高度划分，低于 1000 米的山为低山，1000 ～ 3500 米的山为中山，3500 ～ 5000 米的山为高山，高于 5000 米的山为极高山。

连绵蜿蜒的山脉

山脉不是一座山峰，而是由一组山峰构成的。这些山峰像一条龙一样，按照一定的

方向排列。因为它像脉络一样，因此人们叫它“山脉”。构成山脉主体的山岭称为“主脉”，从主脉延伸出去的山岭称为“支脉”。几个相邻山脉可以组成一个山系，如喜马拉雅山系就是由几个山脉组成的。世界上著名的山脉主要有亚洲的喜马拉雅山脉、欧洲的阿尔卑斯山脉、北美洲的科迪勒拉山脉、南美洲的安第斯山脉等。喜马拉雅山脉是世界上最大的山脉，它的主峰珠穆朗玛峰海拔 8844.43 米，是世界上最高的山峰。科迪勒拉山脉，长 7000 ~ 8000 千米，它的支脉与南美洲的安第斯山脉相连，全长 1.7 万千米，构成世界上最长的山系。

“岁月的皱纹”——褶皱

原来平坦的地层，如沉积层，受到后来水平或垂直的应力形成褶曲，这就叫“褶皱”。褶皱是地球外表层岩石区最普遍的一种地质现象，由于褶皱才使地面此起彼伏，就像是干缩了的苹果一样。

褶皱的基本类型是背斜和向斜。原始水平岩层向上凸曲者称为“背斜”，向下凹曲者称为“向斜”。在褶皱隆起的初期，背斜会成为山岭，向斜成为山谷，二者的最主要的区别，是根据地层的新老来判断的，背斜的中间（称为“核部”）是老地层，向斜的中间是新地层。

褶皱是岩层在构造运动水平压力作用下，所产生的一系列波状弯曲，是一种未丧失岩层连续性的塑性变形。

褶皱，对于研究地壳运动以及在找矿、找油、找气、找水等方面具有重要的意义。此外，研究一个地区的地层、断层应首先研究褶皱。

A：Can I have a word with you?
B：Yes,you can?
A：我能跟你谈一谈吗？
B：是的，可以。

连续性破坏——断层

褶皱和断层都是地质构造的基本形态。岩层在力的作用下发生的断裂现象，我们称为“断层”。有趣的是，褶皱和断层可能先后在同一地方出现。有一些大山最初形成褶皱山，后来，经过断裂抬升，它们又变成山体。这类高山被称为“褶皱断层山”。阿尔泰山和天山就是有名的褶皱断层山。断层的大小不同，小的还不到一米，大的可达上千千米。断层线常常发育为沟谷，有时形成泉或湖泊。

低平宽阔的平原

平原是陆地上海拔很低而且特别平坦的地区。平原的海拔一般在 200 米以下。平原比高原的海拔低，比丘陵的起伏小。平原可以分为很多种，大多数平原都是由河流冲击而成的，叫作“堆积平原”。另外，还有侵蚀平原和构造平原。侵蚀平原是由于风和流水的侵蚀而形成的石质平原。侵蚀平原一般略有起伏状，如我国江苏徐州一带的平原。构造平原是因地壳抬升或海面下降而形成的平原，如俄罗斯平原。世界平原总面积约占全球陆地总面积的 1/4，平原不但广大，而且土地肥沃，水网密布，交通发达，是经济文化发展较早较快的地方。

高大开阔的高原

高原是指海拔高度在 1000 米以上，面积广大、地形开阔的地形。高原与平原的主要区别是海拔较高，与山地的主要区别是，高原有完整的大面积隆起。高原的共性，是高而广阔，但是高原的形态却差别悬殊，有的高原广阔而平坦，如我国的内蒙古高原，多为一望无际的原野，很多地方汽车可以随意行驶；有的高原雄伟险峻、重峦叠嶂，如我国的青藏高原，平均海拔 4000 ~ 4500 米，号称“世界屋脊”。高原按分布状况，可划分为山间高原、山麓高原、大陆高原、海底高原等。按组成的岩性不同，又可分为黄土高原和岩溶高原。

思维对对碰

题目：身高 168 厘米的小华，有一天打棒球回来后却变成 170 厘米，为什么？

答案：因为他被击中长出了一个两厘米的包。

低矮的山地——丘陵

丘陵是一种比较特殊的地形，它比高原的海拔低，但又不像平原那样平坦。它是指陆地上起伏和缓、连绵不断的低矮山丘。海拔一般为 200 ~ 500 米，孤立存在的称为“丘”，群丘相连的称为“丘陵”。丘陵按坡度陡峭程度可分为陡丘陵和缓丘陵。丘陵一般都比较破碎、低矮，顶部浑圆、坡度和缓，没有明显的脉络，

大多是山地向平原的过渡地带，是山地久经侵蚀的产物。有的丘陵也分布在平原上和山间盆地中，如四川盆地中分布的紫色丘陵。我国劳动人民在长期利用自然和改造丘陵的过程中发明了梯田。

四周高，中间低——盆地

盆地，顾名思义，就是像盆一样的地形。它是指陆地上四周高、中间低的一种地形。盆地主要是因地壳运动，使地面断裂下陷，或因流水、冰川、风等外力作用侵蚀，使地面凹陷而形成的。盆地按形成原因的不同可以分为构造盆地和侵蚀盆地。构造盆地如中国的吐鲁番盆地、内蒙古的呼伦贝尔盆地；侵蚀盆地如西双版纳的景洪盆地。盆地中部常有不同的地形，远离海洋的内陆盆地，常常有大片沙漠，如中国的塔里木盆地的四周是雪山，山麓是戈壁和绿洲，中部是浩瀚的塔克拉玛干沙漠。在山区，盆地一般是重要的农业区。

星罗棋布的岛屿

岛屿是陆地的一部分，它比大陆的面积要小得多。岛屿散布在海洋、江河或湖泊中。海洋中的岛屿面积大小不一，小的称为“屿”，大的称为“岛”。相邻很近的一组岛屿被称为“群岛”。岛屿可以分为大陆岛、海洋岛或火山岛、珊瑚岛和冲积岛。大陆岛是因地壳运动引起陆地下沉或海平面上升而形成的岛屿，如中国的台湾岛。火山岛是由海底火山喷发的物质堆积而成或由珊瑚礁构成的岛屿。前者如夏威夷群岛中的大部分岛屿，后者如中国的西沙、南沙群岛。冲积岛是由河流、湖泊中的泥沙堆积而成，如中国的崇明岛。世界上最大的岛屿是格陵兰岛，面积达 217.56 万平方千米。

蕴藏矿产资源的大陆架

大陆架是大陆向海洋延伸的部分，它也是陆地的一部分。大陆架的深度一般在 200 米以下，宽度大小不一，坡度比较和缓。大陆架是由于地壳运动或海浪冲刷而形成的。大陆架大多数分布在太平洋西岸、大西洋北部两岸、北冰洋边缘等。大陆架有丰富的矿藏和海洋资源，已发现的有石油、煤、铜、铁等 20 多种矿产；其中已探明的石油储量是整个地球石油储量的 1/3。大陆架的浅海区是海洋动物生长发育的良好场所，有多种多样的鱼、虾、贝类，所以全世界的海洋渔场大部分分布在大陆架海区；另外，大陆架也是海洋植物繁盛的地方，有丰富的海底森林和多种藻类植物。

地球的“伤痕”——裂谷

裂谷是板块构造运动过程中，大陆崩裂至大洋开启的初始阶段的构造类型，也是岩石圈板块生长边界的构造类型，在陆壳区大洋中脊上均有发育。现今规模最大的裂谷发育在各大洋盆的洋中脊上，裂谷形态保持良好，特征明显。一般谷宽 25 ~ 30 千米，高出最深洋底 2 ~ 3 千米，与附近洋底高差为 0.5 ~ 1.5 千米。

大陆裂谷按形成方式的不同，可分为主动裂谷和被动裂谷两类。主动裂谷是地幔的上升热对流的长期作用，使大陆岩石圈减薄、上隆而致破裂，然后出现拗陷而成裂谷，如东非大裂谷、红海亚丁湾。被动裂谷则是由于地壳的伸展作用或剪切作用，使岩石圈减薄、破裂而导致裂谷的形成。

天连水，水连天，水天一色望无边，蓝蓝的天似绿水，绿绿的水如蓝天。到底是天连水，还是水连天？

我来考考你

1. 岛屿可以分为 ______、______、______ 和 ________ 等几种类型。
2. 同学们，你家乡所在的地区属于下面哪一种地形 ？　（　）
A. 平原　B. 高原　C. 山地　D. 丘陵　E. 盆地
3. 你能说出几个有名的山脉吗？

地球的“皮肤”

地球表面都有些什么呢？地球的表面覆盖着一层坚硬的岩石和松软的土壤，不同的岩石，形成的原因不一样，脾气也各不相同。除了土壤和岩石，地球的表面还被许多绿色和黄色所覆盖，它们就是森林、草原和沙漠。看来，地球的表面还真是多姿多彩。

坚硬无比的岩石

岩石是地壳的最基本的物质，地壳和上地幔主要是由岩石构成的。组成岩石的化学元素很多，最基本的有八大元素：氧、硅、铝、铁、钙、钠、钾和镁。岩石的种类很多，但按形成的原因来说，可以分为岩浆岩、沉积岩和变质岩三大类。岩浆岩又叫“火成岩”，是组成地壳的基本岩石；沉积岩是在地表条件下由风化作用、生物作用和火山作用的产物，经过水、空气和冰川等外力的搬运、沉积和固结而形成的岩石，煤和石油是一种特殊的沉积岩；地壳深处和上地幔的上部主要由火成岩和变质岩组成。从地表向下 16 千米范围内火成岩和变质岩的体积占 95%。地壳表面以沉积岩为主，它们约占大陆面积的 75%，洋底几乎全部为沉积物所覆盖。

诗词贝贝乐

渡荆门送别

（唐）李白

渡远荆门外，来从楚国游。
山随平野尽，江入大荒流。
月下飞天镜，云生结海楼。
仍怜故乡水，万里送行舟。

地面形成的火成岩

火成岩又叫岩浆岩，它是由地下的岩浆或火山喷出的熔岩遇冷凝固而成的岩石。火成岩的形成温度较高，一般为 700℃ ~ 1500℃。岩浆活动有两种，一种是岩浆从火山口喷出地表，然后冷却凝固变成岩石，这样形成的岩石叫“喷出岩”。最常见的喷出岩就是玄武岩。另一种是岩浆从地球深处沿地壳裂缝处缓缓侵入，然后在周围岩石的冷却挤压之下固结成岩石，这样的岩石叫“侵入岩”。最常见的侵入岩是花岗岩。火成岩主要由硅酸盐矿物组成。它的化学成分主要由氧、硅、铝、铁、钙、钠、钾、镁、钛、锰、氢、磷等 12 种元素组成。它们被称为“造岩元素”，约占火成岩总重量的 99%以上，尤以氧最多，占总重量的 46%以上。其余所有元素的重量总和还不到 1%。

岩石中的"张飞"——玄武岩

玄武岩有一个非常大气的名字，"玄武"是中国古代神话里一位身穿黑袍站在龟蛇背上的神。因为玄武岩的颜色也是黑黝黝的，所以地质学家给它起了这个名字。玄武岩是地球洋壳和月球月海的最主要组成物质。玄武岩经几次变化后成暗绿、暗红色。根据成分的不同玄武岩可以分为拉斑玄武岩、碱性玄武岩、高铝玄武岩；按照结构不同可分为气孔状玄武岩、杏仁状玄武岩、玄武玻璃等。

色彩美丽的花岗岩

花岗岩俗称"花岗石"、"麻石"，是一种酸性火成岩。花岗岩由三种以上的矿物组成，这三种主要的矿物是石英、长石和云母。花岗岩在地表分布很广泛，是人类最早发现和利用的天然岩石之一。在世界各地有许多古代开发利用花岗岩的遗迹，如4000多年前古埃及人建造的金字塔、古希腊的神庙、古印度的寺庙、古罗马的斗兽场等。花岗岩的颜色非常美丽，呈粉红色，其中还均匀地散布着黑色的云母晶体。我国风景秀丽的黄山、华山和衡山，都是由花岗岩组成的。花岗岩不易风化，颜色美观，外观色泽可保持百年以上，由于它硬度高、耐磨损，除了用作高级建筑装饰工程、大厅地面外，还是露天雕刻的首选材料。

海底形成的沉积岩

沉积岩也叫作"水成岩"，是三种组成地球岩石圈的主要岩石之一。在地表不太深的地方，其他岩石的风化产物和一些火山喷发物，经过水流或冰川的搬运、沉积、成岩作用形成的岩石就是沉积岩。在地球表面，有70%的岩石是沉积岩，但如果从地球表面到16千米深的整个岩石圈算，沉积岩只占5%。沉积岩主要有石灰岩、砂岩、页岩等。沉积岩中所含有的矿产，占全部世界矿产蕴藏量的80%。其中有我们不可缺少的能量资源，如石油、天然气和煤等。

植物的家园——土壤

同学们，如果告诉你软软的土壤是由坚硬的岩石形成的，你一定会觉得很奇怪，可这的确是事实。在漫长的岁月里，岩石一直受到物理风化、化学风化和生物风化的作用。物理风化就是把地表整块岩石分解成大量小碎屑的过程；化学风化则改变了岩石的化学组成和矿物面貌，其中地表（地下）水和大气中氧、二氧化碳的作用最为重要，使造岩矿物分解，形成以粘土矿物为主的松散物质；生物在土壤形成过程中的意义更加关键，细菌造成动植物的腐烂，增强了土壤的肥力，蚯蚓以及许多昆虫也使土壤变得肥沃。肥力最好的土壤是在上层，叫作“表层土”，腐殖质丰富。表层土的下面是底土，主要由石屑组成。再往下就是土壤底层的岩床了。

ABC 洋话天天说

A：Mum. You are wanted on the phone.

B：OK. I am coming.

A：妈妈，你的电话。

B：好的，我就来。

炎热的沙漠

沙漠是在风的长期作用下形成的面积很广大的地区。沙漠的风力超强，最大风力可达 10 ～ 12 级。沙漠地区非常炎热，夏天午间地面温度可达 60℃以上。如果在沙滩里埋一个鸡蛋，没多久便会烧熟了。在那里，白天和晚上的温差很大，平均年温差可达 30℃ ～ 50℃，夜间的温度有时在 10℃以下。受昼夜温差大的影响，植物可以更好地贮存糖分，所以沙漠绿洲中的瓜果都特别甜。沙漠中最主要的植物是仙人掌类植物。世界上最大的沙漠是撒哈拉沙漠。它位于阿特拉斯山脉和地中海以南，横贯非

题目：一家洗衣店招牌写着“24 小时交货”，今天小高拿衣服去洗，为何老板说要三天后才能拿到？

答案：因为每天工作 8 小时，三天加起来正好是 24 小时。

洲大陆北部，东西长 5600 千米，南北宽约 1600 千米，面积约 906 万平方千米，和整个中国的面积差不多。

》“地球之肺”——森林

森林就是树木密集的地方，它可以分为原始森林和人工林。在同一片森林中，可以生长着很多种树木。按照树木的种类来划分，森林又可以分为针叶林、阔叶林和针阔混交林三种。它们分别分布在寒带、热带和温带地区。森林被称作“地球之肺”，它吸进二氧化碳，进行光合作用，呼出人类和动物所需要的氧气；森林还能涵养水源，一公顷森林一年能蒸发 8000 吨水，起到了调节气候的作用；森林能防风固沙，制止水土流失。总之，森林是人类的朋友，我们要保护森林，而不能乱砍滥伐。

》较干旱的草原

草原是指在干旱的环境下形成的植被以草本植物为主的地区。草原地区冬季寒冷，夏季温热，降水较少，蒸发强烈。在这种环境下，高大的树木无法很好地生存，而各种草类则可以在这里很好地生长。草原可划分为典型草原、荒漠化草原和草甸草原等类型。典型草原的干湿度适中，荒漠化草原为最干旱类型，草甸草原是草原中较湿润类型。在欧亚大陆和北美大陆温带地区，森林带和荒漠带间构成了欧亚 — 北美环球草原带；南半球也有一定面积的草原，但远不及北半球分布广。在中国，草原广布于东北地区西部、内蒙古、黄土高原北部、西北荒漠地区山地和青藏高原大部分地区。

肚皮笑笑破

油一缸，豆一筐，老鼠嗅着油豆香。爬上缸，跳进筐，偷油偷豆两头忙。又高兴，又慌张，脚一滑，身一晃，“扑通”一声跌进缸。

》奇特的土壤——冻土

北方的冬天，天气十分寒冷，这时你会发现一些土壤十分坚硬，里面还有一些小冰晶。这层含有冰晶的土就是冻土。冻土分布在世界各地。纬度不同，冻土的厚度也不相同。比如在北极圈附近，冻土的厚度为 200 ~ 600 米，有的地方高达 1000 米。不过，世界上冻土厚度最厚的地方在北冰洋沿岸。

那里气候严寒，冻土层的厚度为 400 ~ 900 米，最厚的地方达 1400 米。中国的冻土多分布在高纬度和高海拔地区。高纬度多年冻土主要集中分布在大小兴安岭，面积为 38 万 ~ 39 万平方千米。高海拔多年冻土主要分布在天山、祁连山和横断山等地。通常，冻土区气候寒冷，不适合一般植物的生长，那里的植物以苔藓、地衣组成的苔原植被为主，常见的植物有北极兰浆果和金凤花。

我来考考你

1. 森林的主要功能有______、______ 和 ______。
2. 你能说一说花岗岩和玄武岩的区别吗？

七大洲与四大洋

世界地理教育是由各国教育部自行而定的。所以，板块与洲的分界和名称多有不同。“七大洲”是最为普遍的分界模式，这七大洲从大到小为亚洲、非洲、北美洲、南美洲、南极洲、欧洲和大洋洲。地球上的大海洋分别是太平洋、大西洋、印度洋和北冰洋。

“太阳升起的地方”——亚洲

亚洲是亚细亚洲的简称，位于东半球的东北部，东、北、南三面分别濒临太平洋、北冰洋和印度洋，西靠大西洋的属海地中海和黑海。亚洲的大陆海岸线绵长而曲折，海岸线总长 69900 千米，是世界上海岸线最长的一个洲。

亚洲是世界上最大的一个洲。包括岛屿在内，面积为 4400 万平方千米，约占世界陆地总面积的 29.4%。亚洲大陆与欧洲大陆毗连，形成全球最大的陆块——亚欧大陆，总面积约 5071 万平方千米，其中亚洲大陆约占 4/5。在七大洲中，亚洲所跨纬度最广，从赤道带到北极带几乎所有的气候带和自然带都有；所跨经度也最广，东西时差达 11 小时。

亚洲地形的总特点是地势高、地表起伏大、中间高、周围低，隆起与凹陷相间，平均海拔约 950 米。

闻官军收河南河北

（唐）杜甫

剑外忽传收蓟北，初闻涕泪满衣裳。
却看妻子愁何在，漫卷诗书喜欲狂。
白日放歌须纵酒，青春作伴好还乡。
即从巴峡穿巫峡，便下襄阳向洛阳。

亚洲的种族、民族构成非常复杂。黄种人为主体种族，约占全洲人口的 60%。亚洲大小民族、种族共有约 1000 个，约占世界民族、种族总数的一半。

总之，亚洲不仅是世界面积最大的洲，而且是人口最多，也是最古老的一个洲，它的名字全称“亚细亚洲”的意思就是“太阳升起的地方”。亚洲是世界文明古国中国、印度、巴比伦的所在地。另外，亚洲也是佛教、伊斯兰教和基督教三大宗教的发源地。

“狮子出没的地方”——非洲

非洲是阿非利加洲的简称。非洲位于东半球的西南部，地跨赤道南北，东濒印度洋，西临大西洋，北临欧洲，东北与亚洲紧邻。包括附近的岛屿在内，非洲大陆的面积约 3020 万平方千米，约占世界陆地总面积的 20.2%，仅次于亚洲，为世界第二大洲。

在地理上，习惯上将非洲分为北非、东非、西非、中非和南非五个地区。非洲的海岸比较平直，缺少海湾和半岛。非洲大陆北宽南窄，呈不等边三角形状。

非洲的人口有 8 亿左右，约占世界总人口的 12.9%，仅次于亚洲，人口的自然增长率居世界第一。其中 2/3 的居民属于黑种人，其余属白种人和黄种人。非洲是世界上种族成分最复杂的洲，有 700 多个民族和部族。

西方人以前将非洲描述成“狮子出没的地方”，以形容它的贫穷和落后。但在远古时代，非洲曾有过高度的文明。尼罗河流域是世界古代文明的摇篮之一，尼罗河下游的埃及是世界四大文明古国之一。早在公元前 4241 年，埃及人就制定出人类最早

A：I’m sorry to disturb you. May I clean the room, sir?
B：All right. Come in, please.
A：先生，对不起打扰你了，我来打扫一下房间，可以吗？
B：好的，请进来。

的相当精确的太阳历。至今巍然屹立在尼罗河畔开罗附近的宏伟金字塔和狮身人面像是公元前 27 世纪前后古埃及的杰作，它们是人类建筑史上的奇迹，也是古代埃及劳动人民卓越智慧和辛勤劳动的不朽丰碑。

北亚美利加洲——北美洲

北美洲的全称是“北亚美利加洲”，位于西半球北部，东接大西洋，西临太平洋，北濒北冰洋，南以巴拿马运河为界与南美洲相分。北美洲除包括巴拿马运河以北的美洲外，还包括加勒比海中的西印度群岛。北美洲总面积约为 2422.8 万平方千米，约占世界陆地总面积的 16.2%，仅次于亚洲和非洲，为世界第三大洲。

北美洲大陆海岸线长约 6 万千米。西部的北段、北部和东部海岸比较曲折，多岛屿和峡湾；南半部海岸较平直。大陆地形的基本特征是南北走向的山脉分布于东西两侧与海岸平行，大平原分布于中部。地形明显地分为三个区：东部山地和高原、中部平原、西部山地和高原。

北美洲是个多湖泊的大陆，淡水湖总面积约 40 万平方千米，居七大洲之首。湖泊主要分布在大陆的北半部。中部高原区的五大湖：苏必利尔湖、休伦湖、密歇根湖、伊利湖、安大略湖，总面积为 245273 平方千米，是世界上最大的淡水湖群，有“北美地中海”之称。其中以苏必利尔湖面积最大，为世界第一大淡水湖。

北美洲人口约 46200 万，约占世界总人口的 8%，86.4%的人口集中在美国、墨西哥、加拿大三个国家，其中美国占 61.4%。北美洲人口分布很不均衡，人口绝大部分分布在东南部地区，而面积广大的北部地区和美国西部内陆地区人口稀少。大部分居民是欧洲移民的后裔，其中以盎格鲁—萨克逊人最多；其次是印第安人、黑人、混血种人。通用语言为英语、西班牙语。

南亚美利加洲——南美洲

南美洲的全称是“南亚美利加洲”，位于西半球的南部，东濒大西洋，西临太平洋，北接加勒比海，南隔德雷克海峡与南极洲相望。一般把巴拿马运河作为南美洲与北美洲的分界线。

南美洲大陆海岸线长约 28700 千米，比较平直，多为与山脉走向一致的侵蚀海岸，缺少大半岛和大海湾。岛屿也不多，主要分布在大陆南部沿海地区。安第斯山脉由几条平行山岭组成，是世界上最长的山脉。安第斯山脉中的阿空加瓜山海拔 6960 米，是南美洲最高峰。巴西高原为世界上面积最大的高原。亚马孙平原是世界上面积最大的冲积平原。

南美洲面积约为 1797 万平方千米，约占世界陆地总面积的12%。巴西是南美洲很重要的一个国家，面积约占南美洲大陆总面积的一半。南美洲大部分地区属热带雨林和热带草原气候。气候特点是温暖湿润，以热带为主，大陆性不显著，在各洲中，沙漠面积较小。

南美洲人口约为32500万，约占世界总人口的5.6%。人口分布不平衡，西北部和东部沿海一带人口稠密，广大的亚马孙平原是世界人口密度最小的地区之一，每平方千米不到1人。人口分布的另一特点是人口高度集中在少数大城市。南美洲民族成分比较复杂，在近3亿人口中，白种人最多，其次是印欧混血型和印第安人，黑人最少。印第安人用印第安语，巴西的官方语言为葡萄牙语，其他国家绝大多数以西班牙语为官方语言。

白色大陆——南极洲

南极洲是人类最后到达的大陆，也叫“第七大陆”。南极洲位于地球最南端，土地几乎都在南极圈内，四周濒太平洋、印度洋和大西洋。

南极洲总面积约1400万平方千米，约占世界陆地总面积的9.4%。在各大洲中，面积排第五名。南极洲由围绕南极的大陆、陆缘冰和岛屿组成。南极洲几乎全为巨厚冰雪所覆盖，素有“白色大陆”之称。全洲仅2%的土地无长年冰雪覆盖，被称为南极冰原的“绿洲”，是动植物主要生息之地。“绿洲”上有高峰、悬崖、湖泊和火山。

南极大陆被横贯南极的山脉分为两部分。东南极洲，面积较大，为一古老的地盾和准平原，横贯南极山脉绵延于地盾的边缘；西南极洲面积较小，为一褶皱带，由山地、高原和盆地组成。东、西两部分之间有一沉陷地带。大陆基岩面平均海拔仅410米，但冰盖平均海拔为2350米，使南极洲成为世界上平均海拔最高的洲。

南极洲每年分寒、暖两季，4～10月是寒季，11～3月是暖季。在极点附近寒季为连续黑夜，这时在南极圈附近常出现光彩夺目的极光；暖季则相反，为连续白昼，太阳总是倾斜照射。南极洲植物稀少，仅有苔

思维对对碰

题目：四只轮船停在港口上，它们同时在某年1月2日中午离开了港口。已知，一只船每隔4星期回港一次，一只船每隔8星期回港一次。一只船每隔12星期回港一次，一只船每隔16星期回港一次。这四只船第一次重新会合在港口，应在这一年什么时候？

答案：12月4日

解释：4、8、12、16的最小公倍数是48。因此，这四只船要经过48个星期，即在这年12月4日才能再在港口会合。

藓、藻类等。海水中或陆地边缘的常见动物有海豹、海狮和海豚；鸟类有企鹅、信天翁、海鸥、海燕等；海洋中盛产鲸类，有蓝鲸、鲱鲸和驼背鲸等，是世界上产鲸最多的地区。南极洲是个巨大的天然“冷库”，是世界上最大的淡水储藏地。

南极洲无定居居民，仅有一些来自其他大陆的科学考察人员和捕鲸队。企鹅是南极的土著居民，是南极洲的象征。

》“日落的地方”——欧洲

欧洲是欧罗巴洲的简称，意思是“日落的地方”。欧洲位于东半球的西北部，亚洲的西面。它西临大西洋，北临北冰洋，南隔地中海与非洲相望，是人类居住的唯一一个没有热带的大洲。

欧洲大陆海岸线长37900千米，是世界上海岸线最曲折的一个洲。欧洲地形总特点是以平原为主，冰川地貌分布较广，高山峻岭汇集南部。全洲平均海拔300米，是平均海拔最低的一洲。欧洲最大的山脉是阿尔卑斯山脉。东南部高加索山脉的主峰厄尔布鲁士山为欧洲最高峰。

欧洲总面积约为1016万平方千米，约占世界陆地总面积的6.8%，仅大于大洋洲，是世界第六大洲。在地理上，习惯将欧洲分为南欧、西欧、中欧、北欧和东欧五个地区。

欧洲绝大部分地区气候具有温和湿润的特征，除北部沿海及北冰洋中的岛屿属寒带、南欧沿海地区属亚热带外，几乎全部都在温带，是世界上温带海洋性气候分布面积最广的一洲。

欧洲人口约为7.28亿，约占世界总人口的12.5%，是人口密度最大的一个洲，人口分布相对均匀。其中，城市人口约占全洲人口的64%，在各洲中次于大洋洲和北美洲，居第三位。欧洲绝大部分居民是白种人，全洲大约有70个民族，在各大洲中，种族构成相对比较单一。

欧洲从文化上来说，欧洲是一个人文荟萃的大陆，古希腊文明孕育了现代欧洲文明，产生过柏拉图、亚里士多德这样伟大的智者。从经济上来说，欧洲是世界上发展最均衡、经济发达程度最高和人类生活质量最好的地区。

》南方大陆——大洋洲

大洋洲得名于西班牙文，意为“南方大陆”。大洋洲位于太平洋西南部和南部的赤道南北广大海域中。大洋洲陆地总面积约897万平方千米，约占地球陆地总面积的6%，是世界上最小的一个洲。

大陆海岸线长约19000千米。全洲除少数山地海拔超过2000米外，一般海拔在600米以下，地势低缓，一般分为大陆和岛屿两部分。大洋洲大部分地区处在南、北回归线之间，绝大部分地区属热带和亚热带，除澳大利亚的内陆地区属大陆性气候外，其余地区均属海洋性气候。

大洋洲在地理上划分为澳大利亚、新西兰、巴布亚新几内亚、美拉尼西亚、密克罗尼西亚和波利尼西亚六区。各国经济发展水平差异显著，澳大利亚和新西兰两国经济发达，其他岛国多为农业国，经济比较落后。

大洋洲的人口约2900万，约占世界总人口的0.5%，是除南极洲外，世界人口最少的一个洲。全洲65%的人口分布在澳大利亚大陆，各岛国人口密度差异显著，绝大部分居民使用英语。

大洋洲是一个很独特的洲，拥有很多“大洋洲之最”。另外，在地球上所发现最古老的岩石，是澳洲伯斯附近的杰克丘陵上的锆石结晶。

世界第一大洋——太平洋

世界第一大洋是太平洋。它是四大洋中最大、最深和岛屿、珊瑚礁最多的一个大洋。太平洋的平均深度为4028米，最深的地方是马里亚纳海沟，深达11034米，是目前已知的世界海洋的最深点。

整个太平洋近似圆形，位于亚洲、大洋洲、南极洲和南、北美洲之间，面积17968万平方千米，占世界海洋总面积的49.8%，占地球总面积的35%。太平洋通常以南、北回归线为界，分南、中、北太平洋，或以赤道为界分南、北太平洋，也有以东经160°为界，分东、西太平洋的。太平洋约有岛屿1万个，面积为440多万平方千米，约占世界岛屿总面积的45%。大陆岛主要分布在西部，中部有很多零散的海洋岛屿。海底地形可分为中部深水区域、边缘浅水区域和大陆架三大部分。

太平洋地区火山地震频繁，全球约85%的活火山和约80%的地震集中在那里。太平洋东岸的美洲科迪勒拉山系和太平洋西缘的花彩状群岛是世界上火山活动最剧烈的地带，活火山多达370多座，有“太平洋火圈”之称。太平洋有很大一部分处在热带和副热带地区，故热带和副热带气候占优势，它的气候分布、地区差异主要是由于水面洋流及邻近大陆上空的大气环流影响而产生的。

无论是浮游植物或海底植物以及鱼类和其他动物，太平洋都比其他大洋丰富，而且太平洋在国际交通上具有重要意义，有许多条联系亚洲、大洋洲、北美洲和南美洲的重要海、空航线经过太平洋。

七巷一个漆匠，西巷一个锡匠，七巷漆匠偷了西巷锡匠的锡，西巷锡匠拿了七巷漆匠的漆，七巷漆匠气西巷锡匠偷了漆，西巷锡匠讥七巷漆匠拿了锡。请问锡匠和漆匠，谁拿谁的锡？谁偷谁的漆？

世界第二大洋——大西洋

大西洋约为太平洋面积的一半，为世界第二大洋。大西洋是跨纬度最多的大洋。它位于欧、非与南、北美洲和南极洲之间，面积约为9336.3万平方千米，约占海洋面积的25.4%，世界各大洋中，大西洋底被研究得最为充分。探测表明，大西洋底是由地壳张裂扩展而成。大西洋中脊的裂谷区则是洋底地壳受张力而下沉的狭窄地带。地幔物质把早期溢出并已冷凝固结的岩体向两侧推挤，洋底也就逐渐扩张，从而形成了现代大西洋。

大西洋中的洋中脊又称为“大西洋海岭”，约占整个大洋宽度的1/3，是大西洋底最突出的地形，也是全球规模的洋底巨大山脉。由于洋中脊的中隔，大西洋底大致分为东、西两列海盆。各海盆的最低平部分为深海平原，是地球上最为平坦的地区。

大西洋在北半球的陆界比在南半球的陆界长很多，而且海岸线也比较曲折，呈现“S”形，有许多属海和海湾。大西洋海底地形特点之一是大陆棚面积较大，主要分布在欧洲和北美洲沿岸。

在气候方面，大西洋的南北差别较大，东、西两侧亦有差异。大西洋海洋资源丰富，西北部和东北部的纽芬兰和北海地区为主要渔场。南极大陆附近产鲸、海豹和磷虾，海兽捕获量也很大。大西洋尤其还蕴藏有丰富的海底石油和天然气。另外，大西洋航运业也比较发达。

重要的交通要道——印度洋

印度洋是世界第三大洋，位于亚洲、非洲、大洋洲和南极洲之间。印度洋的总面积大约为7491.7万平方千米，约占世界海洋总面积的21.1%。平均深度为3897米，最大深度为爪哇海沟，达7450米。印度洋有很多岛屿，其中大部分是大陆岛。

印度洋海底地貌错综复杂，除洋底中部有呈“人”字形的大洋中脊外，东部尚有东印度洋海岭和岛弧、海沟带，在海丘、海岭、海台之间分布着许多海盆。海底有一条从印度半岛西岸到澳大利亚大陆以南、自北而南向东伸延的高地，这一带高地把印度洋分成东、西两部分。印度洋北部是封闭的，南段敞开。

印度洋的大部分位于热带，夏季气温较高。印度洋北部是地球上季风最强烈的地区之一，在南半球西风带中的南纬40°～60°以及阿拉伯海的西部常有暴风，在印度洋热带纬区有飓风。印度洋水面气温平均为 20℃ ~ 26℃，赤道以北 5 月水面气温最高可达 29℃以上。南部的海流比较稳定，为一反时针方向的大环流。北部海流因季风影响形成季风暖流，冬夏流向相反：冬季反时针方向，夏季顺时针方向。

印度洋石油极为丰富，波斯湾、红海、阿拉伯海等都蕴藏有海底石油，波斯湾是世界海底石油最大的产区。印度洋是贯通亚洲、非洲、大洋洲的交通要道，海运量约占世界海运量的 10%以上，主要以石油运输为主。

世界上最小的洋——北冰洋

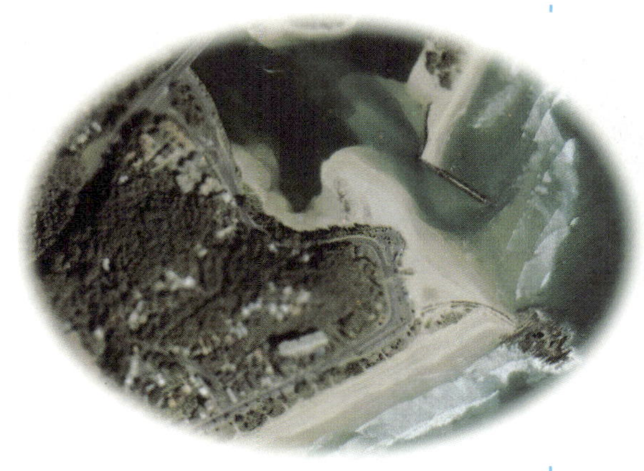

北冰洋以北极圈为中心，位于地球的最北端，被欧洲大陆和北美大陆环抱着，有狭窄的白令海峡与太平洋相通；通过格陵兰海和许多海峡与大西洋相连。在四大洋中，它是最小的一个洋，面积不足 1500 万平方千米，不到太平洋的 1/10。它的深度为 1097 米，最深为 5499 米，在四大洋中，也是最浅的一个洋。

北冰洋分为北极海区和北欧海区两部分。北极圈以北的地区称北极地方或北极地区，包括北冰洋沿岸亚、欧、北美三洲大陆北部及北冰洋中许多岛屿。北冰洋周围的国家和地区有俄罗斯、挪威、冰岛、格陵兰、加拿大和美国。北极地区有几十个不同的民族，其中因纽特人分布最广。

因为北冰洋位于地球的最北部，每年都会有独特的极昼与极夜现象出现。每年 10 月到次年的 3 月，冬半年为“长夜”；4 ~ 9 月，夏半年为“长昼”。经过一个“白天”和一个“夜晚”，就是一年。

北冰洋常年被不化的冰盖着，冰盖面积占总面积的 2/3 左右。其余海面上分布有自东向西漂流的冰山和浮冰；仅巴伦支海地区受北角暖流影响常年不封冻。北冰洋大部分岛屿上遍布冰川和冰盖，北冰洋沿岸地区则多为永冻土带，永冻层厚达数百米。冬季，80% 的海面被冰封住，就是在夏季，也有一多半的海面，被冰盖着。

另外，北冰洋系亚、欧、北美三大洲的顶点，有联系三大洲的最短大弧航线，地理位置很重要。

我来考考你

1. ________是世界上最大的一个洲。________ 是世界上最小的一个洲。
2. 请你说一说地球上七大洲、四大洋的名称。

第三章 把握地球的血脉

从太空中看，就会发现地球是一个美丽的蓝色星球。地球的表面布满了各种各样的水，难怪有人开玩笑，说我们给地球起错了名字，应该叫作“水球”。的确，拥有大量的水是地球区别于其他行星的最主要特征。地球表面的水，绝大多数分布在海洋里面；另外，陆地上的江河湖泊、南北两极和高山地区的冰川、地表下面也是水的家园。

海洋

当你展开一幅世界地图的时候，你就会发现一片片蓝色的区域，那代表的就是海洋。在地球的表面，海洋的面积要比陆地大得多。海洋的总面积有3.61亿平方千米，占整个地球表面积的71%。海洋里有着大量的海水，地球上97%的水都在海洋里面。海洋的平均深度有3700多米，最深的地方是马里亚纳海沟，深达11034米。海洋里面有大量的动植物和许多宝贵的矿藏。

望月怀远

（唐）张九龄

海上生明月，天涯共此时。
情人怨遥夜，竟夕起相思。
灭烛怜光满，披衣觉露滋。
不堪盈手赠，还寝梦佳期。

大海的最深处——大洋

大洋是海洋的一部分，它位于海洋的中心，远离大陆。与海相比，大洋又大又深。大洋的面积大约占海洋总面积的89%，一般深度在3000米以上。大洋里的水是蔚蓝色的，透明度很大，水中的杂质很少。全球共有四个大洋：太平洋、大西洋、印度洋和北冰洋。其中，太平洋是面积最大、深度最大、岛屿最多的大洋。太平洋有多大呢？它的总面积约为1.786万平方千米。地球上所有的大陆面积加起来，还没有它大呢！ 而北冰洋的面积最小、温度最低，常年冰封。四大洋并不是彼此隔绝的，它们之间是互相连接着的。

生命的摇篮——海

海是海洋的边缘部分，它是被大陆、半岛和岛屿等隔开的水域。海的面积比洋小得多，只占海洋总面积的 11%，一般不是特别深。海临近大陆，受大陆、河流、气候和季节的影响较大。夏季，海水会变暖；冬季，海水会变凉，甚至还会结冰。在大河入海的地方，海水会变淡；河流中夹带的泥沙，又会使海水混浊不清。

A：Hello，this is John speaking.
B：Who is speaking?
A：喂，我是约翰。
B：哪位？

海可以分为边缘海、内陆海和地中海。我国的东海、南海就是太平洋的边缘海。欧洲大陆内部的黑海就属于内陆海。世界主要的海大约有 50 个。位于南太平洋的珊瑚海是世界上面积最大的海，而欧洲的马尔马拉海是世界上面积最小的海。

咸咸的海水——海洋中的盐分

在海边玩耍时，你可能会不小心尝到海水。哇！又咸又苦。那是因为海水中含有各种各样的盐。可以说，海洋是盐的“故乡”，海水所含的盐类，有 90% 是食盐。另外还含有氯化镁、硫酸镁、碳酸镁及含钾、碘、钠、溴等各种元素的其他盐类。如果把海水中的盐全部铺在陆地上，陆地的高度可以增加 153 米；假如把世界海洋的水都蒸发干了，海底就会积上 60 米厚的盐层。海水里这么多的盐是从哪儿来的呢？科学家们经过研究得知，海水中的盐是由陆地上的江河通过流水带来的。江湖水在流动过程中，经过各种土壤和岩层，使其分解产生各种盐类，这些盐类被带进大海。海水经过不断蒸发，盐的浓度就越来越高了。

汹涌的海浪

海浪是海洋的一个显著标志。大多数的海浪是由风引起的，受海风的影响，海水会离开原来的位置，发生向上、向下、向前和向后的运动，这就形成了波浪。波浪是一种有规律的运动，当海水涌上岸边时，由于海水深度越来越浅，下层水的上下运动受到了阻碍，受惯性的作用，海水越涌越多，一浪高过一浪。同时，随着水量的减少，下层水的运动受到的阻力越来越大，以至于到最后，它的运动速度比上层海水的运动速度要慢。这样，波浪的最高处就会向前跌倒，摔到海滩上，形成飞溅的浪花。浪的高度和速度与风的速度和刮风的时间有密切的关系。风的速度越快，浪就越大。但是，短时间内大风并不会造成大浪。如果风很强，而且连续地刮，浪的高度就会逐渐增长。我们所知道的由于风吹形成的海浪最高达 30 米以上。

日月引起的潮汐

海洋水的高度的升降就是海潮。人们把白天出现的海水上涨现象称为“潮”，把夜晚海水的上涨现象称为“汐”，合称“潮汐”。潮汐是由于月球和太阳对地球各处引力的不同而引起的。月球引起的潮汐，称为“月潮”或“太阴潮”；太阳引起的称为“日潮”或“太阳潮”。由于太阳距离地球比月球远，所以日潮作用没有月潮大。潮汐的周期就是海水完成一次涨落所需要的时间。在一些地方，我们可以在一天的时间里看到两次海水涨落，两次涨落的时间几乎相等，叫作“半日潮”；另外一些地方只有一次涨落，高潮和低潮之间大约相隔 12 小时 25 分，这叫作“全日潮”。

由于月球和太阳对地球各处的引力不同，会引起地球上水位、地壳、大气的周期性升降现象。海洋水位的升降称为“海潮”，地壳相应的现象称为“陆潮”，大气则称为“气潮”，而其

题目：一辆火车从长春开往北京需要 6 小时，现在它已经行驶了 3 个小时，请问它现在在什么地方？
答案：铁轨上。
解释：无论火车运行到哪个城市，它都会在铁轨上。

中以海潮的现象最为明显。人们把白天出现的海水上涨现象称为“潮”，把夜晚海水的上涨现象称为“汐”，合称“潮汐”。

流动的海水——海流

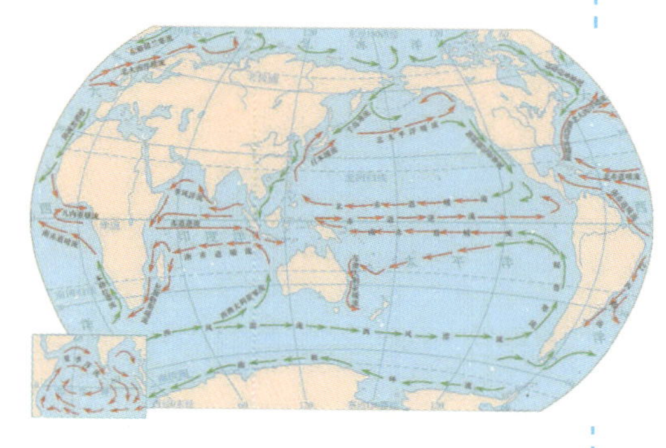

海流又称“洋流”，是海水的一种大规模运动，海洋里有着许多海流，每条海流全年都沿着比较固定的路线流动。海洋里那些比较大的海流，大多是由强劲而稳定的风吹刮起来的。这种由风直接产生的海流叫作“风海流”，也有人把它叫作“漂流”。海洋中最著名的海流是黑潮和湾流。由于海水是流动的，并且总容量不会有太大的变化，所以当一个地方的海水流走后，相邻海区的海水也就流来补充，这样就产生了补偿流。大洋环流是指在海面风力等的作用下，海水从某海域流向另一海域，最终又流回原海域的首尾相接的环流体系。世界上主要的大洋环流有赤道逆流、南极环极流、极地东风流、北大西洋流和北太平洋流，等等。

肚皮笑笑破

树上有只小桃子，树下有只小猴子。风吹桃树哗哗响，树上掉下小桃子。桃子打着小猴子，猴子吃掉小桃子。

一衣带水——海湾和海峡

海湾是指海洋伸入陆地的部分。海湾一般三面靠着陆地，一面与海相连。海湾的形状各种各样，有的曲折蜿蜒，有的则比较开阔，与大海融为一体。我国的海湾也很多，如山东半岛的胶州湾、北部的渤海湾和东部的杭州湾等。

海峡是指海洋中连接两个相邻海区的狭窄水道。如连接东海与南海的台湾海峡、连接太平洋与北冰洋的白令海峡等。海峡是地壳运动造成的，地理位置一般比较重要，常被人们称作“海上走廊”。例如，马六甲海峡就是太平洋和印度洋的交通要道，在历史上发挥了重要的作用。

我来考考你

1. 全世界共有四个大洋，它们分别是 ______、______、______和 ______。
2. 潮汐现象是由（　）引起的。
   A. 大风　B. 太阳和月亮的引力　C. 海底地震　D. 海底火山

河流与湖泊

河流发源于泉水、湖泊、沼泽或是冰川，此后就开始了漫长的旅程，它们的终点是海洋、更大的河流、湖泊或沼泽。除了天然的河流以外，还有一些是人工开凿的运河。湖泊是陆地上低洼的蓄水的地方，湖泊分为咸水湖和淡水湖两种，不同的湖泊面积、深度以及形成原因都各不相同。

地球的血脉——河流

我们经常能看到弯弯曲曲的河流。河流是陆地表面上经常或间歇有水流动的线形天然水道。每条河流都有河源和河口，它们分别是河流的起点和终点。不同地貌特征会形成不同的河流形态。山区河流的河谷狭窄，河道的坡度大、水流急；平原河流的横断面宽浅，河道蜿蜒曲折、坡度小。世界的主要河流有尼罗河、亚马逊河、长江和密西西比河等。尼罗河全长 6670 千米，是世界上最长的河流；亚马逊河的流域面积为 705 万平方千米，约占南美大陆总面积的 40%，是世界上流域面积最广和流量最大的河流。我国的长江全长 6300 千米，流域面积为 180 万平方千米，是世界第三长河和第三大河。

破阵子·为陈同甫赋壮词以寄之

（宋）辛弃疾

醉里挑灯看剑，梦回吹角连营。八百里分麾下炙，五十弦翻塞外声。沙场秋点兵。　马作的卢飞快，弓如霹雳弦惊。了却君王天下事，赢得生前身后名。可怜白发生。

水冲出的谷地——河谷

河谷是由于河水流过而形成的谷地。河谷可以分成谷底和谷坡两部分。谷底包括河床、河漫滩；谷坡是河谷两侧的岸坡。从河水的流动方向看，上游河谷比较狭窄，中游增宽，下游河床坡度较小，大多形成曲流和汊河，河口形成三角洲或三角湾。河谷是在流水侵蚀作用下形成与发展的：水流携带泥沙侵蚀使河谷往下发展；水流的侧蚀使谷坡剥蚀后退，包括谷坡上的小面积剥蚀和大块体崩落；还有一种侵蚀能让河谷向上延伸，加长河谷。而河床是河谷中的一个狭长的凹地，又叫作“河槽”。河床是河流平时或洪水季节占据和通过的地方，而不是整个河谷。

洋话天天说

A：Whose bag is this?
B：It is mine.
A：这是谁的包？
B：我的。

地上的“美丽银河”——瀑布

同学们，你们可能都会背诵唐代诗人李白的《望庐山瀑布》：“日照香炉生紫烟，遥看瀑布挂前川，飞流直下三千尺，疑是银河落九天。”河水在河谷中奔流，遇上了陡峭的地形，流水飞泻下来就形成了瀑布。地势越陡，水量越大，瀑布就越壮观。世界上最高的瀑布是南美洲委内瑞拉境内的安赫尔瀑布，高达 979 米。还有更有趣的瀑布，那就是神奇的海底瀑布，它是在格陵兰岛和冰岛之间的大西洋海底被发现的。据估计，它深藏在 200 ~ 3700 米的海洋中，每秒钟就有高达 50 亿升的海水从水中峭壁倾泻而下。这相当于在 1 秒钟内将亚马逊河水全部倒入海洋的流量的 25 倍。

思维对对碰

题目：有一天坐公共汽车，车内买票人数只有坐车人数的 1/3，售票员对此却无动于衷，为什么？
答案：因为只有一个乘客。

漫长的旅程——河流的流程

河流的起点是源头，终点是河口。在源头和河口中间，每一条河流又大致分成上游、中游、下游三段。河流的上游坡度大，流水速度快，流水冲刷占优势，河谷大多是基岩或砾石；河流中游的坡度和流速减小，流量加大，冲刷、淤积都不严重，但河流侧蚀有所发展，河谷大多是粗砂；河流下游坡度平缓，流速较小，但流量大，淤积占优势，浅滩或沙洲比较多，河谷中大多是细砂或淤泥。

河口三角洲

河流流入海洋或湖泊时，水流的速度会变得缓慢，河水携带的泥沙会大量沉积下来，逐渐形成三角洲。三角洲又叫“河口平原”，从外形上看，它像个三角形，顶部指向上游，底边靠近海或湖泊，所以人们叫它“三角洲”。三角洲的面积较大，表面平坦，土质肥沃。世界上比较著名的三角洲很多，主要有埃及的尼罗河三角洲、法国的多瑙河三角洲、印度的恒河三角洲以及我国的黄河三角洲、长江三角洲、珠江三角洲等。三角洲地区不但是良好的农耕区，而且往往是石油、天然气等资源十分丰富的地区。

肚皮笑笑破

蒜拌面，面拌蒜，吃蒜拌面算蒜瓣；面拌蒜，蒜拌面，算吃蒜瓣面拌蒜。

陆地上的“明镜”——湖泊

湖泊像明镜一样清澈照人。同学们，你们知道美丽的湖泊是怎样形成的吗？地壳运动和冰川使陆地上出现了许多洼地。这些洼地里积了许多水后，就变成了湖泊。湖泊和河流不同，它的水域宽广，水流速度慢。世界上湖泊分布很广，总面积达 270 万平方千米，占全球大陆面积的 1.8%左右。湖泊可分为淡水湖、咸水湖和盐湖。世界上大部分湖泊是淡水湖，中国的洞庭湖、鄱阳湖是淡水湖，青海湖是咸水湖。世界上最大的湖泊里海也是咸水湖。里海的面积达 37.11 万平方千米，几乎相当于日本全国的面积。著名的死海是一个含盐度很高的咸水湖，由于盐水比重大，人可以像木头一样浮在水面上，而不会沉下去。

有进有出——淡水湖

淡水湖是湖水含盐量较低的湖泊，因为有水流注入和泄出，湖水可以得到更新和补充，所以淡水湖的水盐分很低。淡水湖的水来源于河流，比如贝加尔湖汇集三百多条河流，只有安哥拉河泻出。著名的北美五大湖也都是淡水湖，其中苏必利尔湖是世界上面积最大的淡水湖。中国的淡水湖主要分布在长江中下游平原、淮河下游和山东南部，这一地带的湖泊面积约占全国湖泊总面积的 1/3。中国主要的五大淡水湖——鄱阳湖、洞庭湖、太湖、洪泽湖、巢湖都分布在这一地区。

只进不出——咸水湖

咸水湖和淡水湖不同，因为没有或很少有水泄出，而且蒸发量极大，它的盐分很高。除了世界最大的咸水湖——里海外，世界著名的咸水湖还有咸海、死海等。中国的咸水湖主要分布在西部地区，而且在数量上远多于淡水湖，约占全国湖泊总面积的 55%。其中最大、最著名的是青海湖。它也是中国最大的内陆湖泊，比中国最大的淡水湖鄱阳湖要大 450 多平方千米。

我来考考你

1. 下面的湖泊中哪一个是咸水湖？（　）
   A. 鄱阳湖　B. 苏必利尔湖　C. 青海湖　D. 洞庭湖
2. 你知道世界上最长的河流是哪一条吗？

其他形式的水

除了河流与湖泊以外，水还以其他多种形式存在于地球上。在地表以下有各种状态的水，它们被统称为“地下水”。一些地下水涌出地面，形成了泉水。在寒冷的两极地区，海面上漂浮着大大小小的冰山；在两极和高山地区，还有大量的冰川。它们都是特殊形式的水。这些不同形态的水，使我们的地球更加多姿多彩。

“水银行”——地下水

地表下各种状态的水都是地下水，地下水就像大地的水银行一样。据估算，全世界的地下水总量多达1.5亿立方千米。相当于湖泊和河流总水量的100倍，比整个大西洋的水量还要多。地下水主要来源于大气降水。降水量丰富的湿润地区，地下水也比较丰富；降水量小、地表水贫乏的地区，地下水也贫乏。地下水水量的多少，还与地形有关。平坦的平原和盆地，地下水丰富。因为那里地面坡度小，降水容易渗入地下。地下水的特点是流量小、流速慢、水温低和自净能力差。地下水不接触阳光，一旦受到污染，要经过长时间才能恢复到清洁状态。

诗词贝贝乐

蜀相

（唐）杜甫

丞相祠堂何处寻，锦官城外柏森森。
映阶碧草自春色，隔叶黄鹂空好音。
三顾频烦天下计，两朝开济老臣心。
出师未捷身先死，长使英雄泪满襟。

涌出地面的水——泉水

泉水其实是地下水的一种，它在适宜的地形、地质条件下，会排出地面。泉水常年不断地流入江河，是河流补给的重要部分，在一些地区，许多大泉水本身就是河流的源头。泉水流量主要与泉水补给区的面积和降水量的大小有关。补给区越大、降水越多，则泉水流量越大。泉水的流量随时间而变，一般在一年内某一时刻达到最大值，以后流量逐渐减小。许多大泉流量达到最大值的时间与雨季并不一致，常晚于雨季。流量大而稳定的泉，往往可成为良好的供水水源。

洋话天天说

A：May I use your eraser?
B：certainly. Here you are.
A：能用一下你的橡皮擦吗？
B：当然，给你。

海上浮山——冰山

冰山并不是带着冰雪的大山，它们是漂浮在海洋上的巨大的冰块。冰山会“隐身术”，在海面上，我们只能看到这些冰山露出的头顶。它们9/10的庞大身体都藏在水底下呢！

冰山是两极地区的大陆冰被海水冲击断裂后漂浮产生的。因为有风和洋流作动力，冰山能在海面上运动，它会漂流到很远的地方。世界上冰山最多的地方在南极海域。那里每年约有 20 万座冰山离家远行。冰山冰的平均年龄都在 5000 年以上。

题目：小李乘电梯上 14 楼，中间没有停，用了 60 秒钟，下楼时中间也没有停，却用了 5 分钟，这是怎么回事？

答案：上楼时是乘电梯，下楼时却是走楼梯。

流动的冰河——冰川

在寒冷的两极和高山地带，有一些冰层会缓慢移动，就像流动的河流，因此人们叫它们冰川。冰川是由常年不化的积雪逐渐积压形成的。全世界冰川面积共有 1500 多万平方千米，它们可分为两类，一类是大陆冰川，另一类是山岳冰川。大陆冰川身形庞大，主要分布在南极和格陵兰岛。它在世界冰川中所占的面积最广。相比之下，“出生”在山地的山岳冰川就小得多了。不过，山岳冰川千姿百态、形态各异，非常好看。冰川是一个天然的固体水库。如果地球上的冰川全部融化，那么地球上所有的沿海平原都将变成汪洋大海。冰川的运动和水流运动有些相似，中间快，两边慢。和流水相比，冰川的运动可慢多了。

嘴说腿，腿说嘴，嘴说腿爱跑腿，腿说嘴爱卖嘴。光动嘴不动腿，光动腿不动嘴，不如不长腿和嘴。

我来考考你

1. 冰川可以分为两种，它们分别是 ________ 冰川和 ________ 冰川。
2. 海面上漂浮的冰山？（　）
   A.1/10　B.1/3　C.1/5　D.9/10

第四章 解密万变的气象

简单地说，气象就是大气的各种状态和现象。它既包括短期的天气现象，也包括长期的气候现象。气象和我们的生活息息相关，每一个细小的气象变化都会对我们的生活产生很大的影响。可是，这些繁杂的现象之中蕴含着怎样的奥秘呢？自古以来，人们就对气象进行了不懈的研究和总结，终于揭开了气象的神秘面纱……

包裹地球的大气

和太阳系的大多数行星一样，地球也有自己的大气。只不过，地球的大气成分是独特的，它主要是由氮气和氧气组成的。地球引力使大气紧紧地“包”在地球周围，我们叫它“大气层”。可不要小看了大气层，它能抵御来自宇宙的陨石、辐射等多种危险，使地球上的生物可以安全地生存。不过，大气并不是一个安静的家伙，它的活动总会带来各种各样的天气变化，给我们的生活造成或好或坏的影响。

赠花卿

（唐）杜甫

锦城丝管日纷纷，半入江风半入云。
此曲只应天上有，人间能得几回闻。

缥缈的“面纱”——大气

大气就是包围着地球的空气，它主要是由氮气和氧气组成的，另外还有少量的二氧化碳和其他稀有气体。地球就被这一层很厚的大气包围着，人们形象地把它叫作“大气层”。不要以为空气很轻，整个大气层的质量大约有 6000 万亿吨。大气层中的空气并不是均匀分布的，越往高处，空气也就越稀薄。我们人类和绝大多数生物都生活在大气层的底部，一刻也离不开空气。大气的运动变化主要是因为大气中的热量分布得不均匀。地球上海陆之间、南北之间、地面和高空之间的能量和物质不断交换，这样就产生了复杂的气象变化和气候变化。

大气的结构

人们把由于地球引力而随地球旋转的大气层叫作“大气圈”。大气圈厚度约为 10000 千米，总质量约为 6000 万亿吨。因为越往高处，空气越稀薄，由此得知大气的质量主要集中在下部，其中 50% 的质量聚集在离地面 5000 米以下的区域。科学家们经过研究了解到：大气在不同高度上，“性格”是很不一样的。人们根据温度、大气成分等性质，同时结合大气在垂直方向的运动等情况，将大气圈分为五层，分别是对流层、平流层、中间层、暖层和散逸层。

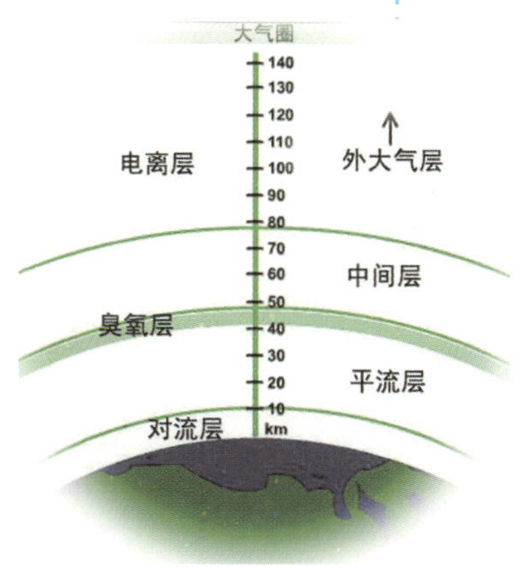

A：Will you please you pass me that paper?

B：Of course. Here it is.

A：你能递给我那张纸吗？

B：当然，给你。

大气圈的最底层——对流层

对流层是大气圈的最低一层，它集中了整个大气质量的 3/4 和几乎所有的水汽。对流层温度分布的特点是下部气温高、上部气温低，大气层每上升 100 米，气温下降 0.6℃。对流层的大气无论是垂直方向还是水平方向的对流都是很充分的，所以风、雪、雨、霜、雾和雷电等复杂的气象现象也都出现在这一层。对流层的平均厚度约为 12 千米，该层厚度随地球纬度不同而有所差别，低纬度地区平均高度为 17 ~ 18 千米，中纬度地区为 10 ~ 12 千米，极地地区为 8 ~ 9 千米。

稳定的平流层

平流层位于对流层以上，范围是对流层到距地面大约 50 千米的空间。平流层上层的温度随高度升高而升高，但在平流层的下层有一个很明显的稳定层，温度随高度降低变化较小，气温趋于稳定，所以又称“同温层”。平流层中的空气没有对流运动，平流运动占显著优势。平流层空气比下层稀薄得多，水汽、尘埃的含量又很少，所以很少出现天气现象。在平流层高 15 ~ 35 千米范围内，有厚约

20千米的一层臭氧层，因臭氧具有吸收太阳光短波紫外线的能力，致使平流层上部的气层发生明显的升温。

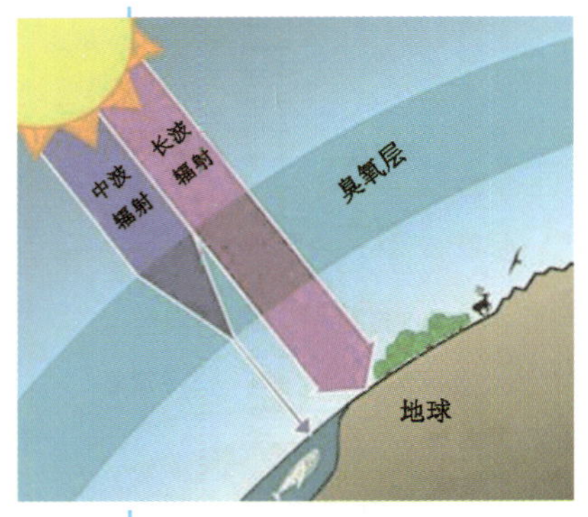

保护生物的臭氧层

臭氧是一种有着特别刺鼻气味的气体，所以得此“恶名”。臭氧层一般是指臭氧含量最多的20～50千米之间的平流层。臭氧在近地面层的含量很少，从10千米高度开始逐渐增加，到25千米处达到最大，再往上逐渐减少。臭氧层是地球最好的保护伞，它能强烈吸收来自太阳的大部分紫外线，保护我们的安全。

寒冷的中间层

从平流层顶到距地面85千米左右处的大气圈叫作“中间层”。这一层的主要特点是重新出现温度随高度增加而迅速下降的现象，大约在85千米处，温度达到最小值，这个温度最低的区域就叫作“中间层顶”。出现这种情况的原因就是由于该层几乎没有臭氧，而氮、氧等气体所能吸收的太阳辐射已被上层大气所吸收。该层具有强烈的垂直对流运动，因此中间层又称为“高层对流层”。

最外面的散逸层

大气层的最外层称为“散逸层”，大约在距地面800千米以上的地方。这层空气在太阳紫外线和宇宙射线的作用下，大部分分子发生电离，使得散逸层的空气变得极为稀薄，密度几乎与太空密度相同，所以又常被称为“外大气层”。由于空气受地心引力极小，气体及微粒可以从这层飞出地球磁力场进入太空。逃逸层是地球大气的最外层，该层的上界在哪里还没有一致的看法。散逸层的温度随高度增加而略有增加。

题目：奶奶要把5颗糖平均分给2个孙子，但又不愿把余下的糖切开，她该怎么做？
答案：每个孙子2颗，自己1颗。

随温度变化的气压

气压是大气压力的简称，它来源于大气层中空气的重量。气压会随着气温的变化而不断变化，一般是随温度升高而递减。另外，气压的大小还与海拔高度、大气密度有关。一年之中，冬季比夏季气压高。一天中，气压最高值出现在 9 ~ 10 时，而气压最低值出现在 15 ~ 16 时。气压变化与风等关系密切，是预报气象时的重要数据。国际单位制中，大气压强的单位是帕斯卡，简称帕，气象部门采用百帕作为气压单位。

大气旋涡——气旋和反气旋

同学们，你们见过江河中的旋涡吗？旋涡可不只是江河里才有，大气中也有许多大大小小的旋涡呢！它们有的按顺时针方向旋转，有的按逆时针方向旋转，在大气中不停地运动着，这就是气旋和反气旋。在北半球，气旋内的空气作逆时针方向流动，反气旋内的空气作顺时针方向流动，在南半球则相反。气旋和反气旋有多大呢？一般来说，气旋的直径一般为 1000 千米。反气旋更是大得让人吃惊，最大的反气旋能和最大的大陆和海洋相比呢！可以说，大的反气旋就是“空中霸王”了。气旋和反气旋的活动，使天气有了不同的变化。在气旋区里，一般都是阴雨天气。反气旋区却不一样，那里大多是晴朗的好天气。

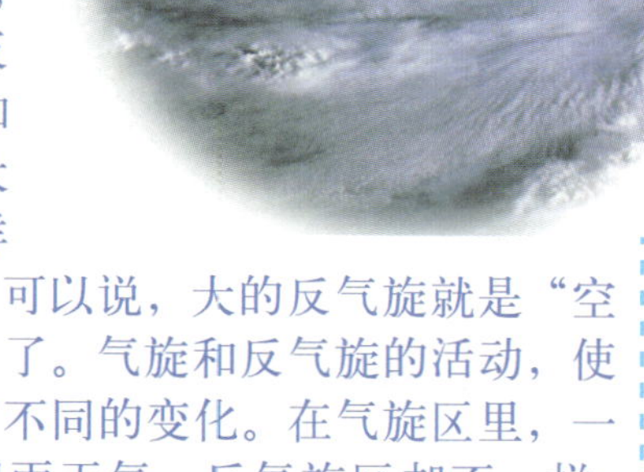

爬来爬去是蚕，飞来飞去是蝉。
蚕常在桑叶里藏，蝉藏在树林里唱。

健康的无形杀手——大气污染

洁净的空气中含有 78%的氮、21%的氧，还有少量的二氧化碳、水蒸气和微量的稀有气体。当正常的大气系统被破坏，大气中污染物质浓度超标时，就构成了大气污染。大气污染物主要有两类：一类是自然现象产生的污染物，比如火山、地震爆发时释放烟尘、硫氧化物等气体。二是人为制造的污染物，比如工业废气、汽车尾气和核爆炸等。据统计，世界每年的污染气体排放量达 6 亿吨。对环境和人类构成威胁的主要污染物有煤粉尘、二氧化硫和一氧化碳等。空气中直径小于等于 2.5 微米的颗粒物称作细颗粒物，也称 PM2.5，对空气质量的能见度等有重要影响，并且危害人体健康。

我来考考你

1. 从地面到太空，大气圈可以分为 ________、________、________、________和________五层。
2. 地球形成早期的大气层与现在有什么不同？
3. 你知道造成大气污染的原因有哪些吗？

大自然的旋律——气候

气候和天气不一样，它是一个地区里经过多年观察所得到的总的气象情况。受多种因素的影响，地球上形成了各种各样的气候。它们像不同的国家一样，分布在世界各地。比如在热带，有热带雨林气候、热带草原气候、热带季风气候和热带沙漠气候等。地球上生物的生长和繁衍，与气候条件有着密切的关系。人类很早就有关于气候现象的记载。

气候的形成

气候和天气有密切关系：天气是气候的基础，气候是对天气的概括。一个地方的气候特征是通过该地区各气象要素（气温、湿度、降水、风等）的多年平均值及特殊年份的极端值反映出来的。例如，北京的气候特征概括起来就是冬季寒冷干燥，夏季高温多雨。全球各地的气候差异很大，而且类型多样而复杂。全球从南向北，不同的纬度有不同的气候带。它们基本上沿纬向排列，成带状分布。另外，由于所处的海陆位置不同，在同一纬度的大陆东、西岸和内陆会出现不同类型的气候。即使在同一纬度、同一地区，由于山地、高原、森林、沙漠等下垫面性质的不同，又有山地气候、高原气候、森林气候、沙漠气候之分。

气候变迁的过程

气候变迁是指气候变化在几十年或几百年甚至几千年以上的显著变化过程及趋势，通常用不同时期的温度和降水等气候要素的差异来表示。气候变迁的原因有天文的，如地轴指向、地磁变动、海的进退变化；有气象的，如大气成分、大气环流等变化。另外，还与大气中二氧化碳的含量以及人类活动等有关。也有人认为在漫长的年代中，地球气候变化有一定的规律。比如，某个时期气候缓慢地变暖或变冷，某个时期气候缓慢变干或变湿。从我国近 2000 多年的历史来看，也有过几次变冷和变暖时期。地球上的气候，总是有冷有暖，有干有湿，或冷、暖、干、湿交替，不断地变化着。

气候带的划分

地球上的气候是多种多样的，几乎找不到任何两个地方的气候是完全相同的，也没有任何一个地方的气候每年的状况都是一样的。然而，气候的分布却具有明显的规律性或地带性，特别是在地势比较平坦的海洋或平原，地带性就更为明显。气候的地带性，引起地理环境中的土壤、生物、水体等都具有地带性。气候是按照纬向环绕地球呈带状分布的，是地球上最大的气候区域单位。一般把全球分为 11 个气候带，包括赤道带，南、北热带，南、北亚热带、南、北温带，南、北亚寒带及南、北寒带。太阳辐射、温度、蒸发、降水、气压和风等都是影响气候带形成的原因。

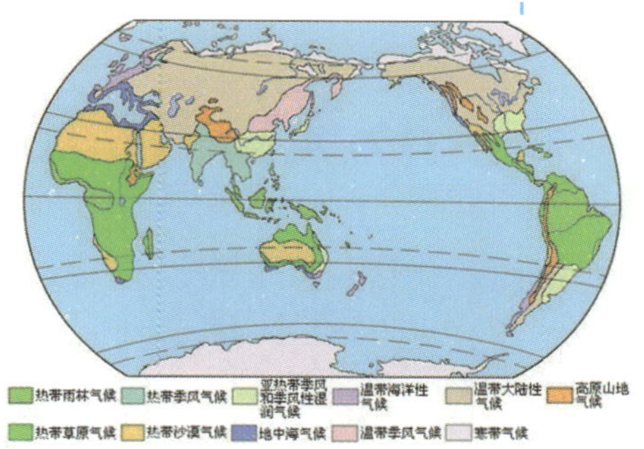

登高

（唐）杜甫

风急天高猿啸哀，渚清沙白鸟飞回。
无边落木萧萧下，不尽长江滚滚来。
万里悲秋常作客，百年多病独登台。
艰难苦恨繁霜鬓，潦倒新停浊酒杯。

全年湿热——热带雨林气候

热带雨林气候分布在各洲的赤道两侧，由赤道向南、北各延伸 5° ~ 10°，包括南美洲的亚马逊平原，非洲的刚果盆地和几内亚湾沿岸，亚洲东南部的一些群岛等。这些地区位于赤道低压带，气流以上升运动为主，水汽凝结致雨的机会多，全年多雨，无干季，年降水量在 2000 毫米以上，最低降水量也超过 60 毫米；热带雨林气候全年长夏，无季节变化，年较差一般小于 3℃，但平均日较差可达 6℃ ~ 12℃。在这种终年高温多雨的气候条件下，植物可以常年生长，树种繁多，植被茂密。

冬冷夏热——温带气候

我国大部分地区都属于温带气候。温带气候的显著特点就是冬冷夏热、四季分明。

温带气候是世界上分布最为广泛的气候类型。从全球分布来看，温带气候的情况比较复杂多样。根据地区和降水特点的不同，可分为温带海洋性气候、温带大陆性气候、温带季风气候和地中海式气候几种类型。温带海洋性气候区主要分布在欧洲西海岸、南美洲智利南部沿海以及新西兰、北美阿拉斯加南部等沿海地区。温带季风气候区主要分布于北纬 35°～55°的亚欧大陆的东岸，包括中国的华北、东北和朝鲜、日本等地。由于温带气候分布地域广泛，类型复杂多样，从而为生物界创造了良好的气候环境，形成了丰富多彩的动植物界。

大陆气团影响下的大陆性气候

大陆性气候是地球上最基本的气候类型，是指位于大陆内部、受大陆气团影响很大的地区常见的一种气候。大陆性气候最显著的特点是冬天冷夏天热，不但一年之内气温的差别很大，就是一天之内气温的差别也很大。大陆性气候一年中的最高、最低气温出现时间比海洋性气候早（分别出现在 1 月和 7 月前后）；降水较少，且季节分配不均，夏季降水相对较多，其他季节则很稀少；湿度小，云雾少。蒙古、西伯利亚、我国西北地区等都属于大陆性气候。

A：Could you do me a favour?
B：Yes. No problem.
A：能帮个忙吗？
B：没问题。

温差较小的海洋性气候

海洋性气候正好与大陆性气候相反，其主要特点是气温的年变化和日变化小，冬暖夏凉；平均最高、最低气温以及气温极值出现的时间均比大陆性气候地区迟（一般出现在 8 月和 2 月）；降水日数多、强度小，降水量的季节分布比较均匀；多云雾天气，湿度大，难得见晴天。多数临近海洋的大陆地区，都具有海洋性气候特征，西欧沿海地区是大陆上典型的海洋性气候区。湿润的海洋性气候，给人们以舒适的感觉，但这种气候对植物生长并不有利。19 世纪末就有人发现，在欧洲，海洋性气候条件下生长的小麦蛋白质含量很小。

以地名命名的地中海气候

地中海气候是一种独特的气候类型。这种类型的气候区，冬季温暖多雨，夏季炎热干燥；自然植被多以耐旱的灌木丛为主；年降雨量一般为 375 ~ 625 毫米；冬季气温 8℃左右，夏季气温 25℃左右。这种气候区多分布在大洋的东岸，位于南北纬 30° ~ 40°以内。世界上有 5 个地区具有这种气候：地中海沿岸、北美加利福尼亚沿岸、南非阿扎尼亚一带、南美智利中部、澳大利亚西南沿海。其中以地中海沿岸最为典型，所以称为“地中海气候”。

题目：1 ~ 100 这 100 个数字中，共出现多少个“9”字？

答案：20 个

解释：这几个数分别是 9、19、29、39、49、59、69、79、89、90、91、92、93、94、95、96、97、98、99，共有 19 个数，但在 99 中，“9”出现了两次，所以，1 ~ 100 中“9”字共出现了 20 次。

风向逆转的季风气候

季风是一种独特的风，它的风向随着季节变化（冬、夏的转换）发生近乎相反的变化。因此季风气候就兼具大陆性与海洋性两种特点。夏季受来自海洋暖湿气流的影响，高温潮湿多雨，气候具有海洋性。冬季受来自大陆的干冷气流的影响，气候寒冷，干燥少雨，气候具有大陆性。在季风气候条件下，气温年较差比海洋气候大，最冷月出现在 1 月，寒冷干燥。最热月出现在 7 ~ 8 月，高温多雨。在季风气候条件下，水旱灾害频繁，对人们的生产和生活极为不利。

鼠咬豆囤囤漏豆，鼠啃油篓篓漏油，
豆囤漏豆鼠啃豆，油篓漏油鼠吸油。

气候干燥的草原气候

草原气候的特点介于沙漠气候和湿润气候之间。它的主要特征是降雨量偏少，以夏

季阵雨为主，气候干燥，高大的树木无法生长。草原地区冬季寒冷而漫长，夏季短促，气温不很高。但全年的日照时间较长，拥有较好的热量条件，适于牧草的生长。由于全年降水量分配不均匀，冬季和春季常发生干旱现象，这对春天播种和牧草的萌芽、生长均有不利影响。到了夏季，雨量集中，日照充分，植物生长所必需的水分和热量条件可同时得到满足，因而盛夏 7 ~ 8 月是草原的黄金季节，水美草肥，牛羊成群，庄稼茂盛，辽阔的大草原在微风的吹动下，宛如大海的波涛，景色十分迷人。

极端干旱的沙漠气候

极端干旱的沙漠气候，根据所处纬度的不同，可分为低纬度沙漠和中纬度沙漠。低纬度沙漠也称“热沙漠”，分布在南北回归线附近的副热带高压区内，如非洲北部的撒哈拉沙漠，亚洲西南部的阿拉伯沙漠。中纬度沙漠也叫“冷沙漠”，分布在温带大陆内部，如前苏联的中亚地区、我国新疆和内蒙古一带及北美大陆西南部的沙漠等。沙漠气候具有无云、风大、日照强、气温高、温差大、降雨稀少、气候干旱、蒸发强、相对湿度小等特点。在沙漠气候的环境中，生活着一些适应干旱条件的动植物，如骆驼、仙人掌、胡杨、沙枣等。

终年冰封的极地气候

极地气候带分布于南北极圈以内的极地区域。极地气候的显著特点就是终年寒冷。夏季最热月气温在 10℃以下。接近极点附近，夏季最热月气温更低于 0℃。极地地面温度低，又在极地高压的笼罩下，盛行下沉气流，降水稀少，所以极地气候的另一特点是干燥少降水。极地气候可以分为为两种类型：苔原植物可以生长的叫“苔原气候”，冰雪终年不化的叫“冰原气候”。

我来考考你

判断题：

1. 气候是指一个地区短时间之内的气象变化。(　　)
2. 热带雨林气候的特点是终年高温潮湿。(　　)
3. 非洲北部的撒哈拉沙漠和亚洲西南部的阿拉伯沙漠都属于热沙漠。(　　)
4. 极地气候可以分为苔原气候和冰原气候两种类型。(　　)

地球的“晴雨表”——天气

天气是指一个地区短时间内发生的气象现象。这些天气现象时刻都伴随着我们，给我们的生活带来一定的影响。还有一些天气现象不经常出现，不过它们一出现就会造成集中的、强烈的灾害，如雷雨、冰雹、台风等。每一种天气现象都有其独特的形成原因和特点。随着科学技术的发展，人们已经能够对大多数的天气现象进行准确预报，这样，天气现象对人们造成的不利影响就会被大大降低。

无影无踪——风

和水一样，空气也会流动，尽管我们看不到它，但是能感受得到。风的形成就与空气的流动有关。地球表面受到阳光辐射的程度不同，吸收的热量也就不同，导致空气的冷暖程度不一样。暖空气膨胀变轻后上升，冷空气冷却后变重下沉，冷暖空气对流，便形成了风。一般来说，风从气压高的地方吹响气压低的地方。人们常用风向和风速来描述风。风向就是风吹来的方向，比如来自北方的风就叫作“北风”。“级”被用来衡量风速的大小。风速就是风的前进速度，它可以分为 0 ~ 12 级。

诗词贝贝乐

春望

（唐）杜甫

国破山河在，城春草木深。
感时花溅泪，恨别鸟惊心。
烽火连三月，家书抵万金。
白头搔更短，浑欲不胜簪。

缥缥缈缈——云

海洋、湖面、植物表面、土壤里的水分，每时每刻都在蒸发，变成水汽，进入大气层。含有水汽的湿空气，由于某种原因向上升起，在上升过程中，由于周围空气越来越稀薄，气压越来越低，多余的水汽就悬浮在空气里，凝结成小水滴或凝华成为小冰晶，它们集中在一起，受上升气流的支托，飘浮在空中，就成为云。气象学家按照云的高度不同，将云划分为低云、中云、高云和直展云四类；根据云的外形及结构特点，又可以将低云分为层云、层积云、雨层云三种，中云分为高积云、高层云两种，高云分为卷云、卷层云和卷积云三种，直展云分为积云和积雨云两种。多姿多彩的云一直是人们辨别和预测天气变化的征兆。

ABC 洋话天天说

A：Can I open the window?
B：Sorry. Better not. It is smelly outside.
A：我能打开窗子吗？
B：最好别开，外面有臭味。

缭绕弥漫——雾

雾和云的形成原因是相同的，不同的是雾生成在大气的近地面层中，云生成在大气的较高层。所以，从地面上看，高山中的人在云中，而云中的人觉得自己在雾里。大气层出现水汽凝结物时，饱和空气如继续有水汽增加或继续冷却，便会发生凝结。凝结的水滴如果使水平能见度降低到 1000 米以内时，雾就形成了。过大的风速和强烈的扰动不利于雾的生成。按雾的成因可分为辐射雾、平流雾、平流—辐射雾、蒸发雾、锋面雾、混合雾等。

天空的“眼泪”——雨

雨是从云雾中降落到地面的水、水汽和空气的上升运动，是形成雨的条件。空气中的水汽在下降过程中，不断碰撞、合并、增大，最后成为雨滴，降落到地面。根据降雨的强度，可以把雨分为小雨、中雨、大雨、暴雨和大暴雨几级。根据降雨的形成，可以分为对流

雨、地形雨、锋面雨和台风雨几种类型。大气对流运动引起的降水现象，习惯上称为“对流雨”。对流雨来临前常有大风，并伴有闪电和雷声，有时还下冰雹。气流沿山坡被迫抬升引起的降水现象，称为“地形雨”，地形雨常发生在迎风坡。锋面雨又叫“气旋雨”，“清明时节雨纷纷”，就是对我国江南春季锋面雨现象的准确而恰当的描述。

题目：用1根2米长的绳子将1只小狗拴在树上，离小狗2.1米远的地方有一根骨头，请问小狗用什么方法能够到骨头？
答案：转过身用后腿抓。

“呼风唤雨”——人工降雨

“呼风唤雨”曾经是人们的美好愿望，随着现代科技的进步，这一梦想正在变成现实，人工降雨便是其中一种重要方法。人工降雨的方法有两种：一种是当天空有易于形成雨的云层时，但云层温度高，不能形成雨时，可以把干冰（二氧化碳）撒到云层中，使云的温度降低，形成雨滴。另一种是当天空中有温度较低的云层，但缺乏凝结成水滴的核心时，可以将碘化银（或食盐）微粒撒到云层中，冷云中会形成以碘化银（或食盐）为核心的冰晶体，当冰晶体下降到温度较高的地面附近时，就会化成雨滴。

飘飘洒洒——雪

当高空中的温度在0℃以下时，云中的水汽能直接凝华到冰核上形成雪晶，雪晶继续增大便成为雪花。在一定条件下，雪花可以一直落到地面而形成降雪。当云中水汽特别丰富时，雪花可以变得很大，并在下降过程中互相粘连，形成大雪片，甚至雪团。在放大镜下观察，构成雪花的雪晶，大多是相当对称的六角形图案。雪花之所以多呈六角形，是因为水分子结冰都是六方晶体。

肚皮笑笑破

河边有座窑，窑上有个槽，槽里放件袍，袍包个桃。对岸有只猫，想吃窑上槽里袍包桃，可惜岸上没有桥。过不了河，上不了窑，够不着槽，咬不住袍，吃不了桃。

破坏性极大的冰雹

冰雹常出现在夏季或春夏之交，它是一些小如绿豆、黄豆，大如栗子、鸡蛋的冰粒，特大的冰雹比柚子还大。产生冰雹的是积雨云，又叫“冰雹云”，它的升降气流特别强烈，在这个过程中，不断与沿途的雪花、小水滴合并，形成了透明与不透明的小冰块，当冰块大到使上升气流无法托住时，就降落到地面成为冰雹。冰雹根据它的大小、软硬程度和结构等大致可以分为如下四种：冰雹、软雹、冰丸和霰。冰雹天气时间短、范围小，但突发性强，往往伴有雷电大风，破坏性极大。当 6 小时内可能出现冰雹、造成雹灾时，气象部门就会发布冰雹预警信号。

出行“晴雨表”——天气预报

同学们，大家一定经常在电视里看到天气预报节目。为了了解一段时间内的天气变化，掌握大气变化的规律，人们会对未来一定时期内的天气情况作出预测，把预测结果告诉大家，这就是天气预报。天气预报主要是根据卫星云图和天气图的分析，结合有关气象资料、地形和季节特点等综合观测而得到的结果。在天气预报里，你会知道是晴天、多云、阴天还是雨雪天；还会知道温度、风速等许多有用的信息。天有不测风云，天气预报为我们预测风云变幻，为农业生产和人们的出行提供了极大的便利。它是现代社会不可缺少的重要信息，也是人们出行的“晴雨表”。

我来考考你

1. 按照高度划分，云可以分为 ________、________、________ 和 ________四类。
2. 如果你仔细观察，就会发现每一个雪花都有（　　）个花瓣。
   A.4　　B.5　　C.6　　D.8
3. 说一说，雨是怎么形成的？

第五章 点数地球之最

“地球之大，无奇不有。”从地球诞生之日起，就有无数神奇的生命在这个美丽的星球上孕育繁衍；从人类社会形成之日起，就有无数玄妙的事件在这个复杂的群体中出现。有些本来就存在的事实，你知道之后仍会觉得超乎想象。那些最大的、最小的、最长的、最短的、最远的、最近的、最古的、最新的……是那么令人目不暇接、拍案叫绝。

山之最

我们生活的地球上，陆地面积只有地球表面面积的 1/3 左右，山地面积又占陆地面积的近 1/3。地球上的山有的高有的矮，有的大有的小，我们数都数不清。但是对于那些比较特殊的山，我们是非常关注的。比如，哪座山是世界上最高的山？哪条山脉是世界最长的山脉？

》最高的山脉——喜马拉雅山脉

说起喜马拉雅山，同学们并不陌生吧？它是世界上最高大的山脉，位于中国与尼泊尔之间，分布于青藏高原南缘，西起克什米尔的南迦至帕尔巴特峰（北纬 35° 14'21"，东经 74° 35'24"，海拔 8125 米），东至雅鲁藏布江大拐弯处的南迦巴瓦峰（北纬 29° 37'51″，东经 95° 03'31″，海拔 7756 米），全长 2400 千米。喜马拉雅山脉最高部分（主脊带）的平均海拔在 6000 米以上，群峰耸立。地球上大部分 7000 米以上的高峰都集中在喜马拉雅山脉。

山居秋暝

（唐）王维

空山新雨后，天气晚来秋。
明月松间照，清泉石上流。
竹喧归浣女，莲动下渔舟。
随意春芳歇，王孙自可留。

喜马拉雅山脉最典型的特征是扶摇直

上的高度，一群陡峭参差不齐的山峰，令人惊叹不止的山谷和高山冰川，被侵蚀作用深深切割的地形，深不可测的河流峡谷，复杂的地质构造，表现出动植物和气候不同生态联系的系列海拔带。

从南面看，喜马拉雅山脉就像是一弯硕大的新月，主光轴超出雪线之上，雪原、高山冰川和雪崩全都向低谷冰川供水，后者从而成为大多数喜马拉雅山脉河流的源头。不过，喜马拉雅山脉的大部分却在雪线之下。创造了这一山脉的造山作用至今依然活跃，并有水流侵蚀和大规模的山崩。

最长的山脉——安第斯山脉

安第斯山脉是世界上最长的山脉，被称为“南美洲的脊梁”。安第斯山脉属于美洲科迪勒拉山系，纵贯南美大陆西部，大体上与太平洋洋岸平行，其北段支脉沿加勒比海岸伸入特立尼达岛，南段伸至火地岛。

安第斯山脉跨委内瑞拉、厄瓜多尔、秘鲁、哥伦比亚、玻利维亚、智利、阿根廷等国，全长约 8900 千米。最宽处为 800 千米，一般宽约 300 千米，由一系列平行山脉和横断山体组成，间有高原和谷地。海拔多在 3000 米以上，超过 6000 米的高峰有 50 多座，山顶终年积雪，矿产资源丰富。其中位于阿根廷境内的阿空加瓜山海拔 6959 米，为西半球最高峰。

从南美洲的南端到最北面的加勒比海岸，安第斯山脉绵亘而形成一道连续不断的屏障。安第斯山脉将狭窄的西海岸地区同大陆的其余部分分开，对山脉本身及其周围地区的生存条件产生深刻的影响。

ABC 洋话天天说

A：By the way, is there any mail for me?

B：No. If there is, I' ll give it to you in time.

A：顺便一问下，有我的邮件吗？

B：没有。如果有的话，我会及时给你送来的。

世界第一高峰——珠穆朗玛峰

世界第一高峰珠穆朗玛峰，位于中国西部边境定日县境内，喜马拉雅山脉的中段，位于中尼边界上，海拔 8844.43 米，峰顶常年积雪，银装素裹，挺拔耸立于地球之巅。对于中外登山队来说，珠穆朗玛峰是极具吸引力的攀登目标。

从 18 世纪开始，陆续有一些国家的探险家、登山队，来到珠穆朗玛峰，探究它的奥秘。但直到 20 世纪 50 年代以后，才有人从南坡登上珠峰。

珠穆朗玛峰自然条件异常复杂，特别是北坡，气候比南坡更加恶劣，地形更加险峻。珠穆朗玛峰常年覆盖着冰雪，峡谷中有几条大的冰川，著名的绒布冰川就是由东、西和中三大绒布冰川汇合而成的。

珠穆朗玛峰上气候恶劣，整个冬天都刮着强烈的西北风，有时达到12级以上。5月末开始从东南吹来的季风，一直要吹到9月底。即使不是冬天，山顶随时都可能降雪。山顶上气温很低，通常都在零下三四十摄氏度。

题目：被坑了多少钱

阿呆拿了两个50元的铜板上街去买文具。他一共买了15块钱的橡皮擦1个、10块钱的铅笔1支、3张5块钱的纸共6张。付账后，老板找了他65元。请问阿呆是多赚了呢，还是被坑钱了呢？

答案：赚了，整整多赚了50元。

解释：因为阿呆一共只买35元的东西，没有道理拿两个50元给老板找。而既然他给了老板50元，却找回65元，可见他多赚了老板50块钱。

》最著名的火山——维苏威火山

维苏威火山是全世界最著名的火山，地处欧亚板块、印度洋板块和非洲板块边缘，在各板块的漂移和相互撞击挤压下爆发形成。它位于意大利坎帕尼亚平原的那不勒斯湾畔，海拔1277米，世界上最大的火山观测点就设在此处。

维苏威火山在历史上喷发过很多次，最为著名的一次是公元79年的大规模喷发，灼热的火山碎屑流毁灭了当时极为繁华的拥有两万人的庞贝古城，其他几个有名的海滨城市如赫库兰尼姆、斯塔比亚等也遭到严重破坏。维苏威火山最近的一次喷发发生在1944年，是欧洲大陆唯一的一座在近一百年内喷发过的火山。

》最高的死火山——阿空加瓜山

阿空加瓜山是世界上最高的死火山，位于阿根廷境内，海拔6959米，被公认为是西

半球的最高峰。山峰坐落在安第斯山脉北部，峰顶在阿根廷西北部多萨省境，但其西翼延伸到了智利圣地亚哥以北海岸低地。

阿空加瓜峰由第三纪沉积岩层褶皱抬升而成，同时伴随着岩浆侵入与火山作用，主要是由火山岩构成，为一座死火山。峰顶较为平坦，东侧与南侧雪线高4500米，冰雪尺寸为90米左右。山顶西侧因为降水较少，没有终年积雪。1897年1月14日，瑞士登山家楚布里根首次登上峰顶。

喷发最多的活火山——埃特纳火山

埃特纳火山位于意大利西西里岛东岸，海拔3200米，是欧洲最高的活火山。面积1600平方千米，基座周长约150千米。250万年前，埃特纳火山就已经是活火山，活动中心不止一处，该火山现在的结构是至少两个主要喷发中心活动的结果。

埃特纳火山下部是一个巨大的盾形火山，上部为300米高的火山渣锥，说明在其活动历史上喷发方式发生了变化。由于处在几组断裂的交汇部位，埃特纳火山一直活动频繁。埃特纳火山一直处于活动状态，距火山几千米远就能看到火山上不断喷出的气体呈黄色和白色的烟雾状，并伴有蒸汽喷发的爆炸声。

据文献记载，埃特纳火山已有500多次爆发记录，是世界上喷发次数最多的火山。它第一次爆发是在公元前475年。最猛烈的爆发是在公元1669年，持续了4个月之久，滚滚熔岩冲入附近的卡塔尼亚市，使整个城市成为一片火海，两万人因此而丧生。

18世纪以来，埃特纳火山爆发更加频繁，其中1981年3月17日的喷发是近几十年来最猛烈的一次，从海拔2500米的东北部火山口喷出的熔岩夹杂着岩块、砂石、火山灰等以每小时约1000米的速度向下倾泻，掩埋了数十公顷的树林和众多葡萄园，数百间房屋被摧毁。

世界上最美的山——梅里雪山

梅里雪山又称“雪山太子”，位于中国云南省德钦县东北约10千米的横断山脉中段怒江与澜沧江之间，平均海拔在6000米以上的有13座山峰，称为“太子十三峰”，主峰卡瓦格博峰海拔高达6740米，是云南省的第一高峰。

梅里雪山主峰卡瓦格博峰犹如一座雄壮高耸的金字塔，时隐时现的云海更为雪山披上了一层神秘的面纱。卡瓦格博作为“藏区八大神山之一”被誉为“雪山之神”，享誉世界。

早在 20 世纪 30 年代，美国学者就称赞卡瓦格博峰是“世界最美之山”。卡瓦格博峰下，冰斗、冰川连绵，犹如玉龙伸延，冰雪耀眼夺目，是世界稀有的海洋性现代冰川。

非洲最高的山——乞力马扎罗山

七加一、七减一，加完减完等于几？
七加一、七减一，加完减完还是七。

乞力马扎罗山位于坦桑尼亚东北部及东非大裂谷以南约 160 千米处，是非洲最高的山。长约近 80 千米，主要由基博、马温西和希拉三个死火山构成，面积 756 平方千米，其中央火山锥乌呼鲁峰，海拔 5892 米，是非洲的最高峰。

乞力马扎罗山素有“非洲屋脊”之称，该山的主体以典型火山曲线向下面的平原倾斜，平原的高度约海拔 900 米，山顶终年满布冰雪。当你凝神远眺这座壮丽深邃的大雪山时，常常能感受到它有股内在的伟力，一种燃烧着的、躁动着的原始生命力。

乞力马扎罗山有两个主峰，一个叫乌呼鲁，另一个叫马文济，两峰之间有一个 10 多千米长的马鞍形山脊相连，远远望去，乞力马扎罗山是一座孤单耸立的高山，在辽阔的东非大草原上拔地而起，高耸入云，气势磅礴。

严格意义上来说，乞力马扎罗山是一个火山丘。乌呼鲁赤道峰顶有一个直径 2400 米、深 200 米的火山口，口内四壁是晶莹无瑕的巨大冰层，底部耸立着巨大的冰柱，冰雪覆盖，宛如巨大的玉盆。

我来考考你

1. ＿＿＿＿＿＿ 是世界上最长的山脉，被称为“南美洲的脊梁”。世界上最高大的山脉是 ＿＿＿＿＿＿，它位于中国与尼泊尔之间。
2. 说一说，埃特纳火山有什么特征？

岛之最

地球上岛屿数目众多，总数达 5 万个以上，总面积约为 997 万平方千米，几乎和我国面积相当，约占全球陆地总面积的 1/15。从地理分布情况看，世界七大洲都有岛屿。其中北美洲岛屿面积最大；南极洲岛屿面积最小。岛屿数目众多，我们不可能都记住，但是对那些最为特殊的岛屿有必要予以特别的关注。

最大的岛屿——格陵兰岛

格陵兰岛是世界最大的岛屿，面积达 217.56 万平方千米，位于北美洲东北，北冰洋和大西洋之间。从北部的皮里地到南端的法韦尔角相距 2574 千米，最宽处约有 1290 千米，海岸线全长 25000 多千米，是丹麦的属地。

格陵兰岛是一个无比美丽并存在巨大地理差异的岛屿。除西南沿海等少数地区无永冻层，有少量树木与绿地之外，格陵兰岛尽是冰雪的王国。全岛 85% 的地面覆盖着条条冰川与厚重的冰山，千姿百态的冰山与冰川成为格陵兰岛的奇景。

格陵兰岛的冰块被称为“万年冰”，冰块中含有大量气泡，放入水中，发出持续的爆裂声。这种冰既洁净，纯度又高。格陵兰冰层平均厚度为 2300 米，仅次于南极洲的现代巨大的大陆冰川。

格陵兰岛气候恶劣，是一片白茫茫的世界，中部地区的最冷月平均温度为 −47℃，绝对最低温度达到 −70℃，是地球上仅次于南极洲的第二个“寒极”。

最大的半岛——阿拉伯半岛

世界上最大的半岛是阿拉伯半岛，“阿拉伯”一词意思是“沙漠”。阿拉伯半岛南北长 2240 千米，东西宽 1200 ~ 1900 千米，面积 322 万平方千米，海拔 1200 ~ 2500 米。

阿拉伯半岛位于亚洲西南部，与印度半岛、中南半岛并称为亚洲三大半岛。它从中东向东南方伸入印度洋。向西与非洲的边界是苏伊士运河、红海和曼德海峡。向南伸入阿拉伯海和印度洋。向东与伊朗隔波斯湾和阿曼湾相望。

沙特阿拉伯、也门、阿曼、阿拉伯联合酋长国、卡塔尔以及科威特、约旦、伊拉克领土的一部分位于阿拉伯半岛上。

阿拉伯半岛紧接亚、非两洲，是重要的交通要道。半岛西南的也门曾是东西方海上贸易的枢纽。半岛两侧的红海和海湾，连通埃及和肥沃的新月地带，形成一条重要的东西交通的天然走廊。

最大的冲积岛——马拉若岛

马拉若岛位于南美洲巴西的亚马孙河三角洲地区，是世界上最大的冲积岛。面积达 40100 平方千米，长 295 千米，宽约 200 千米，岛上人烟稀少。

马拉若岛属热带气候，降水丰沛。西部地势低洼，每年雨季，半个岛屿被洪水淹没。多沼泽和热带森林；东部地势较高，以热带稀树草原为主。岛上有常住居民，居民多从事养牛业。

岛内有许多有考古价值的土丘，内有大量类似哥伦布登陆前安第斯文化的陶器。虽然马拉若岛东北沿岸面对大西洋，但由于亚马孙河的巨大淡水流量，使得该岛离岸边一定距离内的海水不含盐分，岛南部有贝伦市，本身也被一条亚马孙河的支流帕拉河穿过。

八声甘州

（宋）柳永

对潇潇暮雨洒江天，一番洗清秋。渐霜风凄紧，关河冷落，残照当楼。是处红衰翠减，苒苒物华休。唯有长江水，无语东流。　　不忍登高临远，望故乡渺邈，归思难收。叹年来踪迹，何事苦淹留？想佳人妆楼颙望，误几回天际识归舟。争知我，倚阑干处，正恁凝愁。

最大的湖中岛——马尼图林岛

加拿大安大略州休伦湖中的马尼图林岛，面积为 2766 平方千米，是世界上最大的湖中岛。它长 130 千米，岛形极不规则，是世界淡水湖中面积最大的岛。

岛上湖沼众多，其中有一个叫马尼图林的湖，面积为 106.42 平方千米，是世界最大的湖中之湖。在这个湖中还有一些岛屿。

马尼图林岛上风光优美，夏天的百花怒放让人心情愉悦，波浪田野让人回归自然，秋季的红色枫叶让人恍如隔世，冬季气势磅礴的晨雾让人流

A：Have you lost anything today, sir?

B：Yes, a wallet. I' m looking for it now.

A：先生，你今天丢过什么东西吗？

B：是的，丢了一只皮夹子，我正在找呢。

连忘返。人们既可以在上面远足、骑车锻炼、垂钓怡情，还可以野营、划船和潜水等。

最大的河中岛——巴纳纳尔岛

巴纳纳尔岛又名“香蕉园岛”，是世界上最大的河中岛，位于巴西中部托坎廷斯州，面积达2万平方千米。长约350千米，宽约55千米。巴西中部托坎廷斯州岛屿因阿拉瓜亚河有320千米长的河段分成东西两汊而形成，岛上有巴巴苏棕、热带鸟类和淡水鱼，居住有苏亚印第安人。

气候方面，既不像亚马逊四季那样潮热，也不像潘纳塔冬季那样阴冷，各类珍稀动物云集于巴纳纳尔岛，令岛上生气勃勃，集中了阿拉瓜亚河所有美的精华。

题目：希腊妇女的琥珀首饰

希腊是一个拥有高度历史文明的国家，早在几千年前，这里的妇女就已穿着柔软的丝绸衣服，佩戴琥珀首饰了。但是让这些高贵的夫人发愁的是，刚刚擦亮佩戴上的琥珀首饰没两天就变得黯淡无光了，表面上好像蒙上了一层灰尘，非常煞风景，让高贵的夫人们很不开心。你知道这是为什么吗？

解释：摩擦能产生电。贵夫人身上所穿的丝绸衣服与琥珀首饰摩擦能产生静电，静电能吸引微小物体，例如空气中的灰尘，这样灰尘就蒙在琥珀的表面上了。

最大的群岛——马来群岛

马来群岛也叫“南洋群岛”，是世界上最大的群岛，它位于亚洲东南部太平洋与印度洋之间辽阔的海域上。它由印尼17000多个岛屿和菲律宾约7000个岛屿组成。总面积约2475249平方千米，约占世界岛屿面积的20%。沿赤道延伸6100千米，由南到北最大宽度3500千米。

在世界上所有的群岛中，无论是从岛屿数目还是从总面积来讲，马来群岛均为首屈一指。位于马来群岛上的国家主要有印度尼西亚、菲律宾和马来西亚，人口将近2亿。

南洋群岛具有典型的热带自然环境。人们常常喜欢用“椰风蕉雨”来形容南洋群岛的自然风光。那里的椰子、油棕、胡椒、橡胶、木棉、金鸡纳树等在世界上都占有突出的地位。

人口最多的岛屿——爪哇岛

印度尼西亚是一个由18108个大小岛屿组成的“万岛之国”，爪哇岛在印度尼西亚岛屿中仅排名第四，但拥有全国一半以上的人口。世界上人口最多的岛屿就是爪哇岛，它南临印度洋，北面是爪哇海，印度尼西亚首都雅加达则位于爪哇岛西北部沿海。爪哇岛是世界上人口最多也是人口密度最高的岛屿之一，全岛面积126700平方千米，人口1.24亿(2005年)，人口密度高达每平方千米981人。

肚皮笑笑破

哥挎瓜筐过宽沟，赶快过沟看怪狗，光看怪狗瓜筐扣，瓜滚筐空哥怪狗。

爪哇岛东西长约970千米，南北最宽处约160千米，成狭长形，是印尼经济、政治和文化最发达的地区。一些重要的城市和名胜古迹都坐落在这个岛上，这里集中了首都雅加达、第二大城市泗水、第三大城市万隆、第三大港口三宝垄以及历史名城日惹、茂物等全国的主要工商业、旅游城市。

地势最高的岛屿——新几内亚岛

新几内亚岛又称“伊里安岛”。是世界上海拔最高的岛，也是太平洋第一大岛屿和世界第二大岛，位于西太平洋的赤道南侧，西与亚洲东南部的马来群岛毗邻，南隔阿拉弗拉海和珊瑚海与澳大利亚大陆东北部相望。面积约78.5万平方千米 ，连同沿海属岛在内共81.8万平方千米。东西长约2400千米，中部最宽处约650千米。

全岛多山，中部群山盘结，自西北伸向东南，形成连绵延续的中央山脉。大部分山地、高原，海拔都在4000米以上。其最高峰为查亚峰，海拔5030米，为大洋洲最高点。东段为马勒山脉，山势向东逐渐降低，而后再向东南延伸。南部的里古－弗莱平原为最大平原，沿海多沼泽和红树林。

全岛不少山峰都是死火山锥，部分山区近期还发生过火山喷发，并有频繁的地震。

我来考考你

1. ＿＿＿＿＿位于南美洲巴西的亚马逊河三角洲地区，是世界上最大的冲积岛。
2. 世界上最大的半岛是（　　）。
   A. 马来群岛　　B. 新几内亚岛　　C. 格陵兰岛　　D. 阿拉伯半岛

海之最

大海是人类最先通向大洋的桥梁。大海对人类的作用不仅是提供丰富的各类可用资源，而且还为调节整个地球水平衡发挥着重要作用。世界上有很多著名的海，它们主要分布于大洋的边缘地带。世界上最大的海是在太平洋边缘的珊瑚海，世界上最小的海是土耳其的马尔马拉海，除此之外，你还知道哪些海之最呢?

» 最清澈的海——马尾藻海

马尾藻海位于北大西洋百慕大群岛附近，是一个“洋中之海”。它的西边与北美大陆隔着宽阔的海域，其他三面都是广阔的洋面。所以它是世界上唯一没有海岸的海，因此也没有明确的海域划分界线。

马尾藻海是世界上公认的最清澈的海。海水透明度是指用直径为 30 厘米的白色圆板，在阳光不能直接照射的地方垂直沉入水中，直至看不见的深度。一般来说，热带海域的海水透明度都较高，可达 50 米，而马尾藻海的透明度能达 66.5 米，有些海区，透明度甚至可达到 72 米。世界上再也没有一处海洋有如此之高的透明度。

如果在晴天，把照相底片放在 1000 余米的深处，底片仍能感光，这是其他海区难以实现的。

» 最大的陆间海——地中海

地中海的北面是欧洲大陆，南面是非洲大陆，东面是亚洲大陆，东西共长约 4000 千

水调歌头
（宋）苏轼

明月几时有，把酒问青天。不知天上宫阙，今夕是何年？我欲乘风归去，又恐琼楼玉宇，高处不胜寒。起舞弄清影，何似在人间。　转朱阁，低绮户，照无眠。不应有恨，何事长向别时圆？人有悲欢离合，月有阴晴圆缺，此事古难全。但愿人长久，千里共婵娟。

米，南北最宽处大约为 1800 千米。地中海是大西洋的附属海，海域面积超过 250 万平方千米，是世界上最大的陆间海。

地中海以亚平宁半岛、西西里岛和突尼斯之间的突尼斯海峡为界，分东、西两部分，平均深度 1450 米，最深处 5121 米。盐度较高，最高达 39.5‰。有记录的最深点是希腊南面的爱奥尼亚海盆，为海平面下 5121 米。地中海不仅是世界上最大的陆间海，而且是世界上最古老的海，历史比大西洋还要古老。

地中海处在欧亚板块和非洲板块交界处，是世界最强地震带之一。地中海地区有维苏威火山和埃特纳火山。

地中海中沿岸海岸线曲折、岛屿众多，大岛屿有马霍卡岛、科西嘉岛、萨丁尼亚岛、西西里岛、克里特岛、塞浦路斯岛和罗得岛。其中西西里岛是地中海上的第一大岛。

温度最高的海——红海

红海是非洲东北部和阿拉伯半岛之间的狭长海域，面积约 45 万平方千米，由埃及苏伊士向东南延伸到曼德海峡，长约 2100 千米，最宽处为 306 千米，西岸的埃及、苏丹、衣索比亚和东岸的沙特阿拉伯、也门隔海相望。在北端，红海分成两部分，西北部为水浅的苏伊士湾，东北部为亚喀巴湾。

红海中央部分的海底地形凹凸不平，主要海槽复杂多变，海岸线参差不一，整个红海平均深度 558 米，最大深度 2514 米。红海受东西两侧热带沙漠夹峙，常年空气闷热，尘埃弥漫，很少能看见明朗的天。

红海降水量少，蒸发量却很高，盐度为 40.1‰，夏季表层水温超过 30℃，是世界上水温和含盐量最高的海。每年 8 月份，红海表层的海水温度可达 32℃，即使 200 米以下的海水水温也有 21℃。

红海海水多呈蓝绿色，局部地区因红色海藻生长茂盛而呈红棕色。“红海”之名也是由此而来。

盐度最低的海——波罗的海

波罗的海是欧洲北部的内海、北冰洋的边缘海、大西洋的属海，面积为42万平方千米。它是世界上盐度最低的海，世界海水平均含盐度为35‰，但波罗的海靠近外海的地方为20‰，中部海域为6‰～8‰，而北部海域只有2‰。

波罗的海的海水的盐度为什么这么低呢？这是因为波罗的海的形成时间不够长，这里在冰河时期结束时还是一片被冰水淹没的汪洋，后来冰川向北退去，留下的最低洼的谷地就形成了波罗的海，那里的水质本来就较好。其次是波罗的海海区闭塞，盐度高的海水不易进入。再者，波罗的海纬度较高，气温低，蒸发微弱。这里又受着西风带的影响，气候湿润，雨水较多，四周有很多淡水注入。因此，波罗的海的海水盐度就低了。

由于波罗的海的海水盐度比较低，很容易结冰，北部和东部海域每年通常有一段不利于航行的冰封期，从每年11月初起，北部开始出现冰冻。

ABC 洋话天天说

A：Is this your football?
B：Yes it is.
A：这是你的足球吗？
B：是的，这是我的。

最浅的海——亚速海

俄罗斯西南部的亚速海是世界上最浅的海。是俄罗斯和乌克兰南部一个被克里木半岛与黑海隔离的内海，乌克兰独立以后，它成为俄乌两国的“公海”。主要的河流有顿河和库班河。

亚速海的西、北、东岸均为低地，其特征是漫长的沙洲、很浅的海湾。南岸大都是起伏的高地。海底地形普遍比较平坦。

亚速海的海水终年为灰黄色，形似不规则的三角形，长约340千米，宽135千米，面积为3.88万平方千米，亚速海最深处只约14米，平均深度只有8米，是世界上最浅的海。由于顿河和库班河夹带大量淤泥，致其东北部塔甘罗格湾水深不过1米。

由于亚速海海水浅，混合状态极佳，还很温暖，加之河流带入大量营养物质，因而海洋生物丰富，特别是沙丁鱼，格外多。

题目：最少得花多久

周先生一家人都很喜欢吃用水煮的鹌鹑蛋和蛋汤，周先生要 7 分钟的水煮蛋 5 个加上 3 分钟的蛋汤，他妻子要 8 分钟的水煮蛋 3 个加上 7 分钟的蛋汤，儿子要 10 分钟的水煮蛋 5 个加 10 分钟的蛋汤，女儿要 15 分钟的水煮蛋 2 个加 10 分钟的蛋汤，请问如果要煮整个家庭的食物，最少得花多久？对了，这个家庭里只有一个大锅子。

答案：15 分钟。把全家要吃的蛋的数量，周先生 5 个、妻子 3 个、儿子 5 个和女儿 2 个，总共 15 个蛋全都放进大锅子里，煮到了自己喜欢的时间，各自用碗和汤匙舀起蛋和蛋汤来吃，等到最后女儿要的 15 分钟水煮蛋煮好，全家的食物也都搞定了。

最大最深的海——珊瑚海

珊瑚海位于太平洋西南部海域，澳大利亚和新几内亚以东，新喀里多尼亚和新赫布里底岛以西，所罗门群岛以南，南北长约 2250 千米，东西宽约 2414 千米，海域面积为 479.3 万平方千米。它是世界上最大的海，相当于半个中国的国土面积。珊瑚海南连塔斯曼海，北接所罗门海，东临太平洋，西经托里斯海峡与阿拉弗拉海相通。珊瑚海的海底地形大体由西向东倾斜，大部分地方水深 3000 ~ 4000 米，最深处则达 9174 米，因此，它也是世界上最深的海。

珊瑚海因有大量珊瑚礁而得名，世界有名的大堡礁就分布在珊瑚海。这些大堡礁像城垒一样，从托雷斯海峡到南回归线之南不远处，南北绵延伸展 2400 千米，东西宽 2 ~ 150 千米，总面积 8 万平方千米，为世界上规模最大的珊瑚体。

珊瑚海有着众多珊瑚群体，形成了一个个色彩斑驳的珊瑚岛礁，镶嵌在碧波万顷的海面上，构成了一幅幅绮丽壮美的图景。

肚皮笑笑破

太阳从西往东落，听我唱个颠倒歌。天上打雷没有响，地下石头滚上坡；江里骆驼会下蛋，山里鲤鱼搭成窝；腊月苦热直流汗，六月暴冷打哆嗦；姐在房中手梳头，门外口袋把驴驮。

最小的海——马尔马拉海

提起大海，同学们一定会想，海洋是非常辽阔的。但有一个海例外，当人们在海洋中航行时，可以清楚地看到它的两岸，这个海就是土耳其西部的马尔马拉海。

马尔马拉海为世界上最小的海，长280千米，宽77千米，呈椭圆形，面积仅为1.1万平方千米。如果说珊瑚海是海中的“巨人”，马尔马拉海就是海中的“侏儒”了。

马尔马拉海岛上盛产大理石。希腊语“马尔马拉”就是大理石的意思。海中最大的马尔马拉岛，也是用大理石来命名的。马尔马拉岛很早以前就开始开采大理石，沿岸城镇是兴旺的工农业中心，并且景色优美，是土耳其的旅游胜地。

岛屿最多的海——爱琴海

爱琴海是地中海东部的一个大海湾，位于地中海东北部、希腊和土耳其之间，也就是位于希腊半岛和小亚细亚半岛之间。爱琴海是黑海沿岸国家通往地中海以及大西洋、印度洋的必经水域，在航运和战略上具有重要地位。

爱琴海是世界上岛屿最多的海，其海岸线非常曲折，港湾众多，拥有七个群岛，岛屿星罗棋布，相邻岛屿之间的距离很短，站在一个岛上，可以把对面的海岛看得清清楚楚。共有大小约2500个岛屿，它所拥有的岛屿数量之众，全世界没有哪个海能比得上，所以爱琴海又有“多岛海”之称。

爱琴海的岛屿大部分属于西岸的希腊，小部分属于东岸的土耳其。海中最大的一个岛名叫克里特岛。面积约8000多平方千米，东西狭长，是爱琴海南部的屏障。

爱琴海景色优美，每年七八月间晴空如洗，阳光明媚，人们喜欢在这个季节到爱琴海畔享受海风和阳光。

最深的海沟——马里亚纳海沟

马里亚纳海沟是世界上最深的海沟，位于于菲律宾东北马里亚纳群岛附近的太平洋底，亚洲大陆和澳大利亚之间，北起硫磺列岛、西南至雅浦岛附近。北有阿留申、千岛、日本、小笠原等海沟，南有新不列颠和新赫布里底等海沟。

马里亚纳海沟全长2550千米，为弧形，平均宽70千米，大部分水深在8000米以上。最深处为斐查兹海渊，深11034米，是地球的最深点。这也就意味着，如果把世界最高的珠穆朗玛峰放在沟底，峰顶将不能露出水面。不少冒险家成功地征服了珠穆朗玛峰，于是又想到地球的最深处一探究竟，但探测深海的奥秘谈何容易。

最大的海湾——孟加拉湾

孟加拉湾是属于印度洋的一个海湾，西接斯里兰卡，北临印度，东与缅甸和安达曼—尼科巴海脊为界，南与斯里兰卡南端之东的高角与苏门答腊西北端之乌累卢埃角的连线为界。

孟加拉湾宽约1600千米，面积217万平方千米，是世界上最大的海湾。深海盘大致呈U字形，水深2000～4000米。

孟加拉湾中著名的岛屿包括斯里兰卡岛、安达曼群岛、尼科巴群岛、普吉岛等。沿岸国家有印度、孟加拉国、缅甸、泰国、斯里兰卡、马来西亚和印度尼西亚。

最长的海峡——莫桑比克海峡

莫桑比克海峡是西印度洋的一条水道，全长1760千米，是世界上最长的海峡。它的东面为马达加斯加岛，西面为莫桑比克。科摩罗群岛横列海峡北端，印度礁和欧罗巴岛位于海峡南口。

海峡呈东北斜向西南走向。海峡两端宽中间窄，平均宽度为450千米，北端最宽处达到960千米，中部最窄处为386千米。峡内大部分水深在2000米以上。

峡内海水表面年平均温度在20℃以上，炎热多雨，夏季时会因气流交汇而产生飓风。莫桑比克海峡盛产龙虾、对虾和海参，并以其肉质鲜嫩肥美而享誉世界水产品市场。

最深的海峡——德雷克海峡

德雷克海峡位于南美洲最南端和南极洲南设得兰群岛之间，紧邻智利和阿根廷两国，

是大西洋和太平洋在南部相互沟通的重要海峡，也是南美洲和南极洲的分界的地方。

1578 年，英国人德雷克首先到达这个海峡，后来人们就以他的名字为这个海峡命名。德雷克海峡长 300 千米，宽 900 ~ 950 千米，平均水深 3400 米，其最大深度为 5248 米，是世界上最深的海峡。

德雷克海峡是世界各地到南极洲的重要通道。由于受极地旋风的影响，海峡中常常是狂风巨浪，有时浪高可达一二十米。从南极滑落下来的冰山，也流落到海峡中，这给航行带来了困难。

我来考考你

1. 地中海的北面是欧洲大陆，南面是 ________，东面是 ________，是世界上最大的 ________，是大西洋的附属海。
2. 地球上最大的海是哪个海？（　）
   A. 珊瑚海　B. 爱琴海　C. 亚速海　D. 地中海

江河之最

地球之上，江河众多。江河是地球上水文循环的重要路径，是泥沙、盐类和化学元素等进入湖泊、海洋的通道。著名的江河有亚洲第一大河——长江，世界第一大河——亚马孙河，世界第一长河——尼罗河，等等。另外，那些凝结人类智慧的人工运河，也为这美丽的地球书写了浓重的一笔。

夜雨寄北

（唐）李商隐

君问归期未有期，巴山夜雨涨秋池。
何当共剪西窗烛，却话巴山夜雨时。

》世界第一大河——亚马孙河

世界上水量最大、流域面积最广的河——南美洲的亚马孙河，从秘鲁的乌卡亚利—阿普里马克水系发源地起，其最西端的发源地是距太平洋不到 160 千米的高耸的安第斯山，每年注入大西洋的水量约66000亿立方米，相当于世界河流注入大洋总水量的1/6。河口宽达240千米，泛滥期流量达每秒28万立方米。

亚马孙河面积达6915000平方千米，约占南美大陆总面积的40%；长度6400千米，仅次于尼罗河，居世界第二。

亚马孙河蕴藏着世界最丰富多样的生物资源，各种生物多达数百万种。并且，着其丰富绮丽的淡水热带观赏鱼一直吸引着全世界观赏鱼爱好者和生物学家的目光。

世界第一长河——尼罗河

尼罗河是一条非常古老的河流，全长6695千米，是一条国际性的河流，为世界第一长河。它纵贯非洲大陆东北部，与中非地区的刚果河以及西非地区的尼日尔河并列非洲最大的三个河流系统。流经布隆迪、卢旺达、坦桑尼亚、乌干达、埃塞俄比亚、苏丹和埃及，跨越世界上面积最大的撒哈拉沙漠，最后注入地中海。流域面积约335万平方千米，占非洲大陆面积的1/9，年平均流量每秒3100立方米。

A：I' m sorry to give you so much trouble.

B：No trouble at all.

A：我很抱歉给你带来这么多麻烦。

B：一点儿都不麻烦。

尼罗河有两条主要的支流，白尼罗河和青尼罗河。发源于埃塞俄比亚高原的青尼罗河是尼罗河下游大多数水和营养的来源，但白尼罗河则是两条支流中最长的。

尼罗河太长了，导致南北气候迥然不同，呈现明显的纬度地带性。另外，非地带性因素也在一定程度上影响气候带的分布。

含沙量最高的河——黄河

在中国历史上，黄河及沿岸流域给人类文明带来了巨大的影响，是中华民族最主要的发源地之一，中国人称其为“母亲河”。黄河发源于我国青海巴颜喀拉山，流经青海、四川、甘肃、宁夏、内蒙古、陕西、山西、河南、山东，全长5464千米，流域面积75

万平方千米，年径流量 574 亿立方米，长度上仅次于长江，是中国第二大河。

黄河以泥沙含量高而闻名于世，是世界上含沙量最高的河流。据计算，黄河从中游带下的泥沙每年约有 16 亿吨，如果把这些泥沙堆成 1 米高、1 米宽的城墙，可以绕地球赤道 27 圈。

黄河为什么有这么多泥沙呢？这主要是由于其流域为暴雨区，而且中游两岸大部分为黄土高原。大面积深厚而疏松的黄土，加之地表植被破坏严重，在暴雨的冲刷下，滔滔洪水挟带着滚滚黄沙滚入黄河。由于河水中泥沙过多，下游河床因泥沙淤积而不断抬高，有些地方河底已经高出两岸地面，成为一道“悬河”。所以，我们要保护环境，保护植被，保护好我们的“母亲河”。

亚洲第一大河——长江

长江发源于青海省唐古拉山格拉丹东雪峰，在上海汇入东海，全长 6380 千米，流经 11 个省市自治区，是中国和亚洲第一长河、世界第三长河，长度仅次于尼罗河及亚马孙河，是世界上完全在一国境内的最长河流。长江年径流量近 1 万亿立方米，是世界第三大流量河流，仅次于亚马孙河及刚果河。

长江同黄河一样，是中华民族的摇篮，中国古文化的发祥地，她孕育产生了长江文明。长江文明区域之广、文化遗址数量之多、密度之大，都堪称世界之最。长江文明，特别是长江文明中的“稻作文明”，给东亚及世界以很大影响。

但是由于受工业化、城市化进程以及全球气候变化、流域重大开发工程等的影响，长江流域的湖泊正面临着面积急剧萎缩、物种丧失、生态系统退化、水体富营养化、洪水调蓄能力降低和供水能力不足等诸多问题。所以，保护长江是一件功在当代、利在千秋的大事。

题目：医生怎么了

某家医院的医生在看病时，绝对不向患者本身询问病情，一定询问陪同前来的人。为什么呢？

答案：因为那是一家动物医院。在小儿科或病人无法回答的情况下，医生当然是向随行人员询问患者的病情，但是在普通的医院，医生不会“一定”对所有患者这么做。

流经国家最多的河——多瑙河

多瑙河发源于德国西南部黑林山，自西向东流经奥地利、斯洛伐克、匈牙利、克罗地亚、塞尔维亚和黑山、保加利亚、罗马尼亚和乌克兰，在罗马尼亚苏利纳附近注入黑海，流经9个国家，是世界上干流流经国家最多的河流。支流延伸至瑞士、波兰、意大利、波斯尼亚－黑塞哥维那、捷克以及斯洛文尼亚、摩尔多瓦等7国，最后在罗马尼亚东部的苏利纳注入黑海，全长2850千米，是欧洲仅次于伏尔加河的第二长河。

长久以来，多瑙河在中欧和东南欧的拓居移民和政治变革方面都发挥了极其重要的作用。它两岸排列的城堡和要塞形成了国与国之间的疆界；而其水道却充当了各国间的商业通衢。多瑙河的流域面积为81.6万平方千米，通航里程达2588千米，是重要的国际河流，航运价值很大。

最大的内流河——伏尔加河

伏尔加河又译“窝瓦河”，位于俄罗斯西部，全长3690千米，是欧洲最长的河流，也是世界最长的内流河，最后流入里海。

伏尔加河起源于莫斯科西北的东欧平原的一个垄岗，源头海拔225米，在圣彼得堡西南320千米。从源头向东流，穿过雅罗斯拉夫尔、下新城和卡山之后，转向南方，经过萨马拉和伏尔加格勒，在阿斯特拉罕南边进入里海。

伏尔加河有很多支流，主要有卡马河、奥卡河、魏特卢加河等。伏尔加河面积总计135万平方千米，穿过俄罗斯人口最密集的地区。伏尔加三角洲大约有160千米长，包括500多个渠道和小河。河上有很多水库和水电站。

伏尔加河在俄罗斯的国民经济和生活中起着非常重要的作用。因而，俄罗斯人将伏尔加河称为“母亲河”。

白石塔，白石搭，白石搭白塔，白塔白石搭，搭好白石塔，白塔白又大。

世界最长的运河——京杭大运河

中国的京杭大运河，是世界上开凿最早、里程最长、工程最大的运河。大运河南起余杭（今杭州），北到涿郡（今北京），途经今浙江、江苏、山东、河北四省及天津、北京两市，贯通海河、黄河、淮河、长江、钱塘江五大水系，全长1764千米，为世界最长的运河。

京杭运河对中国南北地区之间的经济、文化发展与交流，特别是对沿线地区工农业经济的发展和城镇的兴起均起了巨大作用。

京杭大运河也是最古老的运河之一，它和万里长城并称为“我国古代的两项伟大工程”，闻名于全世界。

最大的无船闸运河——苏伊士运河

苏伊士运河位于埃及西奈半岛西侧，横跨苏伊士地峡，处于塞得港和苏伊士两座城市之间，全长约163千米，是全球最大的无船闸运河。

苏伊士运河是一条海平面的水道，在埃及贯通苏伊士地峡，连接地中海与红海，提供从欧洲至印度洋和西太平洋附近土地的最近的航线。它是世界使用最频繁的航线之一，是亚洲与非洲的交界线和主要通道。运河北起塞得港，南至苏伊士城，长195千米，在塞得港北面掘道入地中海至苏伊士的南面。

由于苏伊士运河的重要地理位置，它在欧洲对非洲的渗透和殖民化过程中扮演了重要角色，因此多次引起各国对苏伊士运河的争夺。

我来考考你

1. 世界上水量最大、流域面积最广的河是________；________是一条国际性的河流，为世界第一大长河。

2. 说一说，为什么黄河是含沙量最高的河？

湖泊之最

地球上的湖泊可谓五花八门，种类繁多。其中很多堪称奇迹，是大自然的杰作。以下是地球上最具特色的一些湖泊，如最大的咸水湖——里海，最大的淡水湖——苏必利尔湖，还有世界上最深的湖——贝加尔湖，等等。这些地球上最特殊的湖，让地球的风景变得更加奇异、美丽。

最大的咸水湖——里海

同学们，一听到里海，是不是认为它是海洋啊？错了！里海是世界上最大的湖泊，也是世界上最大的咸水湖，属海迹湖。它位于辽阔平坦的中亚西部和欧洲东南端，西面为高加索山脉。整个海域狭长，南北长约 1200 千米，东西平均宽度 320 千米。面积约 386400 平方千米，比北美五大淡水湖加在一起还要大出 1 倍多。

周围有 130 多条河注入里海，其中伏尔加河、乌拉尔河和捷列克河从北面注入，这三条河的水量占全部注入水量的 88%。里海中的岛屿多达 50 个，但大部分都不太大。

虽然里海是世界上最大的咸水湖，但由于它是古老地中海的一部分，湖中也有海洋生物。由于水域辽阔，经常出现狂风恶浪，犹如大海翻滚的波涛。

最大的淡水湖——苏必利尔湖

世界上面积最大的淡水湖是苏必利尔湖，它是北美洲五大湖之一，也是世界第二大湖泊，还是世界上最大的淡水湖。湖面东西长 616 千米，南北最宽处 257 千米，面积 8.24 万平方千米。湖岸线长 3000 千米，平均深度 148 米，最大深度 406 米，蓄水量 12240 立方千米，占五大湖总蓄水量的一半以上，湖面海拔 183 米。沿岸森林密布，北岸曲折多湖湾。有近 200 条河流注入湖中，以尼皮贡河和圣路易斯河为最大。

湖区气候冬寒夏凉，雾天比较多，风力强盛，湖面多波浪。水面季节变幅为 40 ～ 60 厘米，冬季水位较低，夏季水位较高。水温普遍较低，夏季中部水面温度一般不超过 4℃。

滁州西涧

（唐）韦应物

独怜幽草涧边生，上有黄鹂深树鸣。
春潮带雨晚来急，野渡无人舟自横。

世界最深的湖——贝加尔湖

贝加尔湖位于俄罗斯西伯利亚的南部伊尔库茨克州及布里亚特共和国境内，距蒙古国边界 111 千米，是东亚地区许多民族的发源地，被称为“西伯利亚的蓝眼睛”。

贝加尔湖从东向西南延伸达636千米，但宽度只有25～79.5千米，略呈“新月形”；湖面海拔456米，平均深度730米，而在湖中央奥利霍岛以东的最深处达1620米，为世界湖泊的最深纪录。所以，贝加尔湖是世界上最深的湖。另外，贝加尔湖也是蓄水量最大的淡水湖，湖水可供50亿人饮用半个世纪。

贝加尔湖虽是淡水湖，但湖里却生活着许多地地道道的海洋生物，如海豹、海螺、龙虾等。它们是怎么来到贝加尔湖的，至今还是个未解之谜。美丽富饶的贝加尔湖，在世人心中，一直充满神奇色彩。

洋话天天说

A：You'd better close the windows. It's cold in the room.

B：All right.

A：你最好把窗户关上，屋里太冷了。

B：好的。

海拔最高的淡水湖——玛旁雍错

玛旁雍错又称“玛法木错”，位于中国西藏阿里地区普兰县城东35千米处，岗仁波齐峰之南。其周围自然风景非常美丽，自古以来佛教信徒和苯教徒都把它看作圣地“世界中心”，透明度14米，湖水碧透清澈，是中国透明度最大的淡水湖，藏发所称三大“神湖”之一。它也是亚洲四大河流的发源地。神山、圣湖周围寺庙林立，古迹众多。

圣湖玛旁雍错呈“鸭梨”形，北宽南窄，长轴方向长26千米，短轴长21千米。湖面海拔4588米，平均海拔4500米，为世界海拔最高的淡水湖。平均水深46米，最大水深81.8米，面积412平方千米。

中国最大的咸水湖——青海湖

青海湖又名“库库淖尔”，蒙语意为“青色的海”。系由祁连山的大通山、日月山与青海南山之间的断层陷落形成。它位于我国青海省东北部的青海湖盆地内，既是中国最大的内陆湖泊，也是中国最大的咸水湖。

青海湖面积达4456平方千米，环湖周长360多千米。湖面东西长，南北窄，略呈椭圆形。湖水平均深度约19米，最大水深为28米，蓄水量达1050亿立方米，湖面海拔为

3260 米，比两个泰山叠起来还要高。

青海湖在不同的季节里，景色迥然不同。夏秋季节，湖畔山清水秀，天高气爽，景色十分绮丽。而在寒冷的冬季，当寒流到来的时候，青海湖便开始结冰，浩瀚碧澄的湖面，冰封玉砌，银装素裹，就像一面巨大的宝镜，在阳光下熠熠闪亮，终日放射着夺目的光辉。

》最大的淡水湖群——北美洲五大湖

题目：增加的体重

王小姐做一种运动减肥。做了 30 分钟，量一量体重，却发现体重不但没有减少，反而略有增加，她很卖力地活动全身，结果还是如此，究竟是什么原因呢？

答案：王小姐所做的运动是游泳。因为她的泳技不佳，喝了太多水，当然会增加重量。

世界上最大的淡水湖群是北美洲的五大湖。五大湖分布在美国东北部与加拿大接壤地区，是五个相连的大湖的总称。它们从上游至下游依次为苏必利尔湖、密歇根湖、休伦湖、伊利湖和安大略湖。除密歇根湖完全在美国境内外，其余均为美、加两国所共有。

五大湖接纳几百条小河、小溪注入，水量非常丰富，约占世界淡水湖泊总储水量的 1/6，五大湖总面积广达 245660 平方千米。其中苏必利尔湖为世界最大的淡水湖。

据考证，五大湖的湖盆主要由冰川刨蚀而成。当大陆冰川后退时，冰水聚积于冰蚀洼地中，便形成了现在五大湖的水面了。

》海拔最低的湖泊——死海

在希伯来文中，“约旦”意为下降。约旦河谷尽头的死海，是世界低地之最，这里的水面低于海平面 397 米，地理位置很低。

死海位于以色列、约旦和巴勒斯坦之间，南北长 82 千米，东西最宽为 18 千米，面积达 1049 平方千米。平均深度为 146 米，最大深度为 395 米，其最深的底部在海平面以下 792 米。

死海也是世界上最深的咸水湖。因为湖水中含盐量大，水的比重超过人体的比重，所以人在死海中就像木块一样漂浮在水面上，不会下沉。死海的盐分高达 30%，是世界上盐分居第二位的水体，只有吉布提的阿萨勒湖的盐度超过死海。

粉红墙上画凤凰，凤凰画在粉红墙。红凤凰、粉凤凰，红粉凤凰花凤凰。

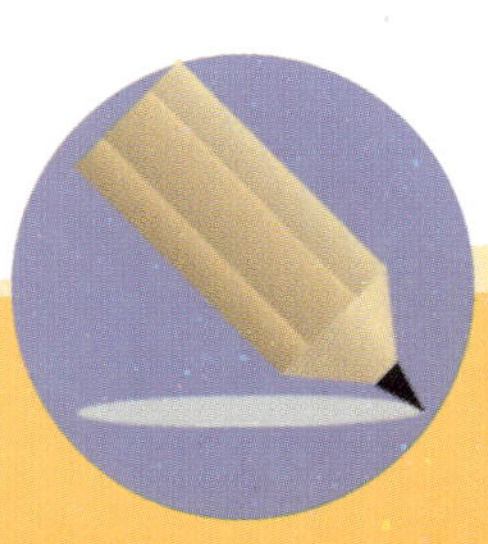

我来考考你

1. 世界上最大的淡水湖群是北美洲的五大湖。五大湖分布在美国东北部与加拿大接壤地区，是五个相连的大湖的总称。它们从上游至下游依次为苏______、______、______、______、______。
2. 说一说，死海能淹死人吗？为什么？

瀑布之最

瀑布在地质学上叫“跌水”，即河水在流经断层、凹陷等地区时垂直地跌落。瀑布是地球上很壮美的自然景观。世界最著名的三大瀑布分别是：最为著名的瀑布——尼亚加拉瀑布、最大的瀑布——维多利亚瀑布、最宽的瀑布——伊瓜苏瀑布。除此之外，世界其他一些有显著特点的瀑布，也受到人们广泛关注。

临江仙

（宋）晏几道

梦后楼台高锁，酒醒帘幕低垂。去年春恨却来时。落花人独立，微雨燕双飞。　记得小蘋初见，两重心字罗衣。琵琶弦上说相思。当时明月在，曾照彩云归。

最为著名的瀑布——尼亚加拉瀑布

举世闻名的尼亚加拉瀑布位于加拿大和美国交界的尼亚加拉河中段，号称“世界七大奇景之一”，与南美的伊瓜苏瀑布及非洲的维多利亚瀑布合称为“世界三大瀑布”。它以宏伟的气势和丰沛而浩瀚的水汽而闻名于世。

尼亚加拉瀑布是尼亚加拉河跌入河谷断层的产物。瀑布以河床绝壁上的山羊岛为界，分为美国瀑布与加拿大瀑布两部分，其中尤以加拿大瀑布更为雄伟壮观。

加拿大瀑布又称为“马蹄瀑布”。瀑布的形状犹如马蹄，高达56米，岸长约675米。丰沛浩瀚的水量从50多米的高处直冲而下，发出震耳欲聋的轰鸣，气势如雷霆万钧。瀑布溅起的浪花和水汽，有时高达100多米，阳光灿烂的日子，便会出现七色彩虹，美不胜收。

»世界最大的瀑布——维多利亚瀑布

维多利亚瀑布位于南部非洲赞比亚和津巴布韦接壤的地方，在赞比西河上游和中游交界处，是非洲最大的瀑布。它地跨赞比亚和津巴布韦两国，距赞比亚旅游城市利文斯敦10千米，瀑布落差106米，宽约1800米，宽度和高度比尼亚加拉瀑布大一倍，年平均流量约935立方米，是世界最大的瀑布。瀑布带所在的巴托卡峡谷绵延长达130千米，共有七道峡谷，蜿蜒曲折，成“Z”字形，是罕见的天堑。

主瀑布被河间岩岛分割成数股，浪花溅起达300米，声如雷鸣，远在65千米之外便可听到。每逢新月升起，水雾中映出光彩夺目的月虹，景色十分迷人。维多利亚瀑布是非洲著名的旅游胜地。

洋话天天说

A：Please let me help you.
B：No, thanks. I can carry it.
A：请让我帮助你。
B：不用，谢谢，我能搬得动。

题目：三块招牌

三个商人租赁到一处互相毗邻的商场，分别开了三个服装点，各自独立经营。

三个店铺同时开张，围观的人等着开门。只见左侧的店主举着巨大招牌，上面写着：“酬宾大甩卖！”右边的店主也立起一块大牌子，上面写着：“降价不惜血本！”

中间的店主见了，便在门上写了一行醒目的字，结果，顾客都走进了他的店，生意十分兴隆。

你知道，这是怎么回事吗？

答案：原来他在门上写了“主要入口处”五个醒目的字，顾客以为从这里进去才能买东西，所以都从这个门进来了。

»世界最宽的瀑布——伊瓜苏瀑布

世界上最宽的瀑布是伊瓜苏瀑布。它为马蹄形瀑布，高82米，宽4000米。

在南美洲国家巴西和阿根廷的交界处，有一条河叫伊瓜苏河。它开始由北向南分隔

两国，却忽然拐了超过90°的弯，向东流去。这个弯拐得太大了，东边的地势毫无连续性，低了一大节，于是，就形成了这个马蹄形的、让人惊叹的大瀑布——伊瓜苏瀑布。

伊瓜苏瀑布与众不同之处在于观赏点多。从不同方向、不同地点、不同高度，看到的景象完全不同。峡谷顶部是瀑布的中心，水流最大最猛，人称“魔鬼喉”。瀑布分布于峡谷两边，阿根廷与巴西就以此峡谷为界，在两国观赏到的瀑布景色也截然不同。

落差最大的瀑布——安赫尔瀑布

安赫尔瀑布又名“丘伦梅鲁瀑布”，是世界十二大瀑布之一。当地的印第安人叫它“出龙”。它位于南美洲委内瑞拉玻利瓦尔州的圭亚那高原的卡罗尼河支流丘伦河上，藏身于委内瑞拉与圭亚那的高原密林深处。

安赫尔瀑布闻名于世，主要是因为它是世界上落差最大的瀑布。丘伦河水从平顶高原奥扬特普伊山的陡壁直泻而下，几乎未触及陡崖，落差达979.6米，大约是尼亚加拉瀑布高度的18倍。磅礴的气势可想而知。

瀑布分为两级，先泻下807米，落在一个岩架上，然后再跌落172米，落在山脚下一个宽152米的大水池内。

安赫尔瀑布所在的地方属于热带雨林地区，树木茂密，不可能步行抵达瀑布的底部。雨季时，河流因多雨而变深，人们可以乘船进入。在一年的其他时间里，只能从空中观赏瀑布。

爸爸抱宝宝，跑到布铺买布做长袍，宝宝穿了长袍不会跑。布长袍破了还要用布补，再跑到布铺买布补长袍。

我来考考你

1. 世界上最大、最宽的瀑布分别是________、________。
2. 世界上落差最大的瀑布是哪个瀑布？其最大落差是多少？

其他之最

同学们，前面我们历数了地球上的山之最、岛之最、海之最、江河之最、湖泊之最以及瀑布之最。其实，这些还远远不够，地球之最多得很。你知道地球上最大的沙漠、最大的平原、最高的高原、最低的盆地、最大的裂谷吗？下面就介绍一下地球的“其他之最”。

最大的沙漠——撒哈拉沙漠

撒哈拉沙漠是世界上最大的沙漠。“撒哈拉”在阿拉伯语中意为“大荒漠”。撒哈拉沙漠位于阿特拉斯山脉、地中海以南，西起大西洋海岸，东到红海之滨。横贯非洲大陆北部，东西距离 5600 千米，南北距离 1600 千米，面积约 906 万平方千米，约占非洲总面积的 1/3。

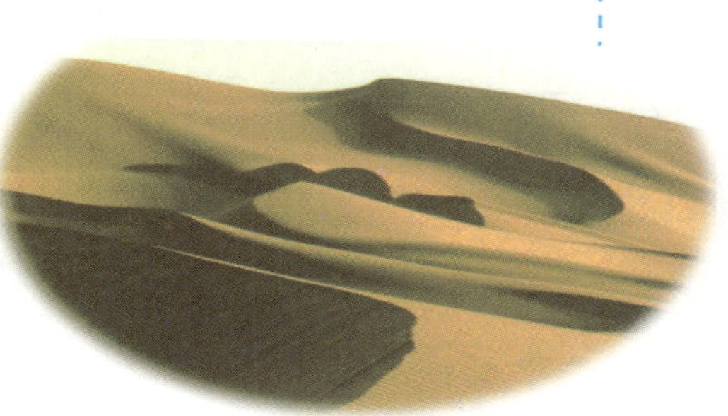

撒哈拉沙漠分为几部分：西撒哈拉；中部高原山地（包括位于阿尔及利亚的阿哈加尔高原），位于尼日尔的艾尔高原和位于乍得的提贝斯提高原；东部是最为荒凉的区域，为特内雷沙漠和利比亚沙漠。撒哈拉沙漠的最高点是位于提贝斯提高原中的库西山，海拔 3415 米。

恶劣的气候和地理条件使得撒哈拉沙漠地区地广人稀，平均每平方千米不足 1 人，以阿拉伯人为主。当地居民主要分布在尼罗河谷地和绿洲，多以游牧为生。现在，人们在撒哈拉沙漠中陆续发现了丰富的石油、天然气、铀、铁、锰、磷酸盐等矿藏。随着矿产资源的陆续开采，那里的人也渐渐多了起来。

永遇乐·京口北固亭怀古

（宋）辛弃疾

千古江山，英雄无觅孙仲谋处。舞榭歌台，风流总被雨打风吹去。斜阳草树，寻常巷陌，人道寄奴曾住。想当年，金戈铁马，气吞万里如虎。　元嘉草草，封狼居胥，赢得仓皇北顾。四十三年，望中犹记，烽火扬州路。可堪回首，佛狸祠下，一片神鸦社鼓。凭谁问，廉颇老矣，尚能饭否？

最大的平原——亚马孙平原

世界上面积最大的平原是亚马孙平原。它位于南美洲北部，亚马孙河中下游，介于圭亚那高原和巴西高原之间，西接安第斯山，东濒大西洋，跨居巴西、秘鲁、哥伦比亚和玻利维亚四国领土，面积达 560 万平方千米，其中巴西境内 220 多万平方千米，约占该国领土的 1/3。

亚马孙平原西宽东窄，最宽处 1280 千米；地势低平坦荡，大部分在海拔 150 米以下，平原中部的马瑙斯，海拔仅 44 米。东部更低，逐渐接近海平面。

亚马孙平原热带雨林密布，植物种类繁多并富特有种；动物种类亦很丰富，尤多树栖动物。矿藏主要为石油。该地区人烟稀少，总人口约1500万，包括10万生活在密林中的印第安人。

最高的高原——青藏高原

世界海拔最高的高原是青藏高原，其大部分在中国西部，包括西藏自治区和青海省的全部、四川省西部、新疆维吾尔自治区南部以及甘肃、云南的一部分。此外，整个青藏高原还有部分延伸到不丹、尼泊尔、印度、巴基斯坦、阿富汗、塔吉克斯坦、吉尔吉斯斯坦境内。

青藏高原总面积近300万平方千米。我国境内面积257万平方千米，平均海拔4000～5000米，有“世界屋脊”和“第三极”之称。

青藏高原是印度洋板块于5000万年前开始推挤欧亚板块时隆起，喜马拉雅山脉就是在这个强大的推力之下形成的。这条山脉在不稳定的结构地形推挤下，仍在上升，每年大约上升1厘米左右。看来，青藏高原会越来越高。

最大的高原——巴西高原

在南美洲巴西境内，有块面积占巴西国土一半以上的大高原，叫巴西高原，亦称“中央高原”，是世界上面积最大的高原，达500多万平方千米，但它的高度只有600～900米，最高的邦德腊山也只有2884米，要比青藏高原低很多。

巴西高原分布最广的气候是热带草原气候，其次是热带雨林气候，分布最小的是亚热带湿润气候。巴西高原东部有高耸的脊状山岭，在里约热内卢至圣多斯一带，形成了大西洋沿岸大峭壁。大峭壁背负高原，面向大洋，从大西洋中远远望去，就像一座铜墙铁壁屹立在岸边。

ABC 洋话天天说

A：Excuse me. May I use your dictionary?

B：Yes, here you are.

A：打扰了，我能用一下你的字典吗？

B：可以，给你。

题目：缺边的牡丹

中国有位著名的国画画家，很擅长画牡丹。

有一次，一个人慕名而来买了一幅他亲手绘制的牡丹，回去以后，很高兴地挂在客厅里。

这个人的一位朋友看到了，大呼不吉利，因为这朵花没有画完整，缺了一部分，而牡丹代表了富贵，缺了一角，岂不是“富贵不全”吗？

此人一看，也大吃一惊，认为牡丹缺了边总是不妥，就把画送到画家那儿，希望画家能够重画一幅。画家听了他的理由，灵机一动，也给了这幅缺边的牡丹一个解释。那人听了画家的解释，居然高高兴兴地捧着画回去了。

你知道画家是怎么解释的吗？

答案：画家说：“牡丹代表富贵，缺了边，意思是‘富贵无边’啊！”有这好事，还补什么边啊！

最大的盆地——刚果盆地

刚果盆地又称“扎伊尔盆地”，是非洲最大的盆地，也是世界上最大的盆地。它位于非洲中部，大部分在刚果民主共和国即刚果（金）境内，小部分在刚果共和国即刚果（布）境内，面积约 337 万平方千米。盆地南北均为高原，东部为东非大裂谷，缺口在刚果河下游和河口地段。

刚果盆地包括了刚果河流域的大部，平均海拔 400 米，有大片沼泽地。周围的高原山地海拔超过 1000 米。刚果河的许多支流都在盆地内汇入干流，因此，刚果盆地水系发达。

刚果盆地气候属于热带雨林气候，年平均气温 25℃ ~ 27℃，降水量达 1500 ~ 2000 毫米。刚果盆地有着郁郁葱葱的热带森林，有多种珍贵树种和热带作物。盆地边缘矿产丰富，盆地中水资源充沛，因此，人们把刚果盆地称为“中非宝石”。

最深的峡谷——雅鲁藏布大峡谷

中国西藏雅鲁藏布江下游的雅鲁藏布大峡谷是地球上最深的峡谷。它北起米林县大渡卡村，南到墨脱县巴昔卡村，长 504.9 千米，平均深度 2268 米，最深处达 6009 米，平均海拔在 3000 米以上。整个峡谷地区冰川、绝壁、陡坡、泥石流和巨浪滔天的大河交错在一起，环境十分恶劣。许多地区至今仍无人涉足，堪称“地球上最后的秘境”。

峡谷核心无人区河段的河床上有罕见的四处大瀑布群，其中一些主体瀑布落差都在

30 ~ 50 米。峡谷具有从高山冰雪带到低河谷热带季雨林等 9 个垂直自然带，麇集了多种生物资源。

雅鲁藏布大峡谷拥有很多世界之最。世界最大降水带分布在布拉马普特拉河—雅鲁藏布江流域，世界最北的热带气候带和自然带分布在这里；世界上濒临绝种的古老物种生息繁衍在这里；世界上最丰富的水能资源、稀有生物资源也分布在这里。

最大的裂谷——东非大裂谷

东非大裂谷亦称“东非大峡谷”或“东非大地沟”，是世界上最大的大裂谷，总长度超过 6500 千米，相当于地球周长的 1/6。

东非大裂谷南起赞比西河的下游谷地，向北延伸到马拉维湖北部，并在此分为东西两条。裂谷宽约几十至 200 千米，深达 1000 ~ 2000 米，谷壁如刀削斧劈一般。大裂谷的成因是地球板块构造运动，同时它也是板块构造学说和大陆漂移学说最直接、最重要的证据。

当乘飞机越过浩瀚的印度洋，进入东非大陆的赤道上空时，从机窗向下俯视，只见这条大裂谷，气势宏伟，景色壮观，有人形象地将其称为“地球表皮上的一条大伤痕”，古往今来不知迷住了多少人。

白庙外蹲一只白猫，白庙里有一顶白帽。白庙外的白猫看见了白帽，叼着白庙里的白帽跑出了白庙。

最大的三角洲——恒河三角洲

恒河三角洲是世界上最大的三角洲，宽 320 千米，起始点距海有 500 千米，面积达 7 万多平方千米。位于南亚次大陆东部，顶点在印度的法拉卡，西起巴吉拉蒂—胡格利河，东至梅格纳河，南濒孟加拉湾，分属孟加拉国和印度两国。

恒河三角洲的大部分在孟加拉国南部，小部分在印度的西孟加拉邦。平均海拔 10 米。三角洲汇集恒河、布拉马普特拉河、梅格纳河三大水系，河道密布。南部为沼泽地和红树林。三角洲滨海一带生长有茂盛的红树林，占地约 8000 平方千米，是世界上最重要的红树林区之一，当地的居民称这里为“美丽的森林”。

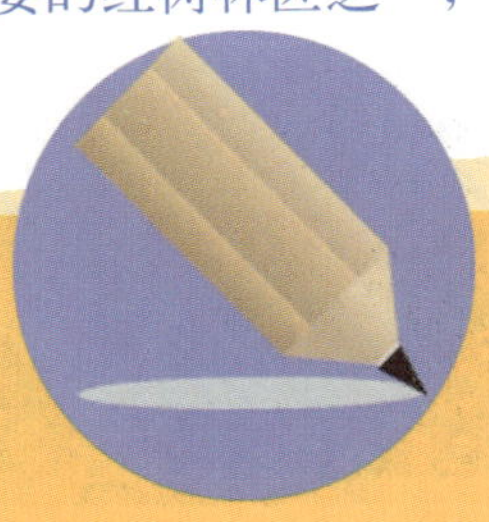

我来考考你

1. ________亦称“东非大峡谷”或“东非大地沟”，是世界上最大的大裂谷，总长度超过 ________千米，相当于地球周长的 1/6。
2. 说一说，世界上最高的高原青藏高原是怎么形成的？

第六章 地球未解之谜

在我们生活的这个地球上，还有很多未解之谜静静地等候着，等候一支又一支探索火炬的亮起。幽暗的山林、离奇的事件、震耳的响声、死亡的恐怖……那些沉睡在未知世界里的人和事，在人们好奇心的支配下，缓慢撩起了解惑的衣角，试图揭开神秘的外衣。然而，探索是没有尽头的。那些神秘的、奇幻的、悬疑的……地球之谜仍然等待着人们去解读。

地球的秘密

随着科技的进步，人类智慧的提升，我们越来越了解我们的地球，但是地球很神奇，还有很多未解之谜。这些未解之谜，人们用现有的科学技术手段，或者按照正常的思维逻辑推理，仍然得不到确切的答案。

有趣的现象——海陆轮廓与分布

同学们，仔细观察世界地图，你会惊讶地发现，地球上的海陆轮廓和分布有很多有趣的现象。

首先，大陆的轮廓几乎全是倒三角形。地球上绝大部分大陆都是南部较狭窄，呈尖状，越往北越宽，一个个如同顶点朝南的“倒立”三角形。南极洲的倒三角形形状虽然不够明显，但若以亚欧大陆为中心看，南极大陆也是“倒立”的。

其次，半岛方向大多朝南。地球上的一些半岛，如亚洲的三大半岛——中南半岛、印度半岛、阿拉伯半岛以及著名的朝鲜半岛和堪察加半岛，欧洲的四大半岛——巴尔干半岛、亚平宁半岛、伊比利亚半岛和斯堪的纳维亚半岛，北美洲的阿拉斯加半岛、加利福尼亚半岛、佛罗里达

浪淘沙

（宋）欧阳修

把酒祝东风，且共从容。垂杨紫陌洛城东。总是当时携手处，游遍芳丛。　聚散苦匆匆，此恨无穷。今年花胜去年红。可惜明年花更好，知与谁同？

半岛等，不知为什么，全都是向南伸入茫茫大海之中。

再有，陆地与海洋都是背靠背。若用一根长针作直径，从地球仪上任何一块大陆的任何一点直插入地球仪的另一端，你会发现，这条“直径”的另一端十有八九都是海洋。如亚欧大陆的背面是南太平洋，南美洲大陆背面是西太平洋，北美洲的背面是印度洋，非洲大陆的背面是中太平洋，澳大利亚大陆背对的是大西洋，南极大陆背后是北冰洋。

这些有趣的现象只是一种巧合，还是另有玄机？至今是一个难解之谜。

ABC 洋话天天说

A：May I ask you several questions?
B：Yes, of course.
A：我能问你几个问题吗？
B：是的，当然可以。

一环套一环——地理连环

仔细研究地球，你会发现很多有趣的现象，比如海下海、岛中岛、湖中湖、国中国等，研究起来，让人觉得兴趣盎然。

海下海。前苏联中亚一带的咸海是一个双层海，分为地面海和地下海。在地面海海底300～500米以下是地下海，深度达500米左右。地下海的海水与白垩纪沉积混为一体，含有矿物质和盐分。

岛中岛。在南太平洋西部汤加王国的西旬岛中有一岛屿，岛上有湖，湖中又有岛，一环套一环，构成了世界上的罕见奇观。

湖中湖。加拿大安大略州的休伦湖中，有一个大岛叫马尼图林岛。岛上又有个马尼图湖，是世界上最大的湖中湖。

国中国。世界上有四个国家在另一国领土中。欧洲最古老的共和国圣马力诺在意大利境内；世界上最小的国家梵蒂冈也在意大利境内；地处非洲

题目：瑕疵月历

有家印刷公司将一大叠明年的月历丢掉。警卫看了这些月历后就说：“喔，原来是瑕疵品。”这位警卫并没有将月历抽出来看，他怎么会知道是瑕疵品呢？

答案：月历通常是每个月份都有五排日期，所以有时会有两个日期写在一起的情况发生。但是这个月历将22日和29日写在一起。这是不可能的，所以这些月历是瑕疵品。

南部的莱索托，四面被南非共和国包围着；风景秀丽的小国摩纳哥则三面毗邻法国领土。

令人费解——长江断流

长江全长6380千米，年径流量近1万亿立方米，是世界第三大流量河流，仅次于亚马孙河与刚果河。但是没想到水量丰沛的长江也曾出现过断流现象。据史料记载，长江下游江苏泰兴段先后有两次断流，令人费解不已。

一次断流是在元代至正二年（1342年）八月，江苏省泰兴县内。当时正值长江大汛期，泰兴沿江居民惊奇地发现，一夜间，从未断流的长江忽然枯竭见底，人们纷纷下江拾取江中遗物。次日，江潮骤然而至，许多人因没来得及跑而被滚滚而下的江水淹没。

另一次断流是在1954年1月13日下午4时许，泰兴长江沿岸风沙骤起，天色苍黄，突然之间，江面顿失滔滔，数十只航轮搁浅，江底尽现人们眼前。历经2个多小时之后，江水又突然奔涌而下，水声如雷。正在江中的人们闻声迅速登岸。

长江为什么会突然断流呢？据某些学者研究，长江两次断流时隔600多年，但出现在同一江段，这是因为在我国东部隐伏着一条神秘的古裂谷，长江的断流与这个古裂谷有很大的关系。

多种版本——通古斯大爆炸

1908年6月30日凌晨，在俄国西伯利亚森林的通古斯河畔，突然爆发出一声巨响，巨大的蘑菇云腾空而起，天空出现了强烈的白光，气温瞬间灼热烤人，爆炸中心区草木烧焦，70千米外的人也被严重灼伤，还有人被巨大的声响震聋了耳朵。不仅附近居民惊恐万状，而且还涉及其他国家。当时俄国的沙皇统治正处在风雨飘摇之中，无力对此组织调查。人们笼统地把这次爆炸称为“通古斯大爆炸”。近100多年来，科学家们一直没有停止对此事的调查，出现过很多种不同版本的说法，有“陨石说”“核爆炸说”“外星人飞船说”“彗星撞击说”“冰质彗星撞击地球说”。

在20世纪五六十年代，前苏联科学院多次派出考察队前往通古斯地区考察，认为是核爆炸的人和坚持“陨星说”的人都声称考察找到了对自己有利的证据，双方谁也说服不了谁。对于没有找到中心陨星坑的情况，有人认为坠落的是一颗彗星，因此只能产生尘爆，而无法造成中心陨星坑。总之，这些见解都还缺少足够的证据。直到今天，通古斯大爆炸之谜仍未解开。

》天方夜谭——罗布泊迁徙

罗布泊在我国新疆若羌县境东北部，曾是我国第二大内陆湖。它地处塔里木盆地东部，曾是我国古代“丝绸之路”的要害之地。罗布泊的最大面积为5300多平方千米，到1931年时，就只有大约1900平方千米，1972年，最后一滴水也被蒸发掉了，罗布泊变成了一片干涸的盐泽。

最早到新疆考察的中外科学家们曾对罗布泊的确切位置争论不休，最终问题没有解决，却引出了争论更加激烈的“罗布泊迁徙说”。这一学说，虽然曾得到了世界普遍认可，但对此质疑反对者也不在少数。近年来，人们还是没有结束对这一问题的争论，罗布泊这个幽灵般的湖泊，让人更加感到扑朔迷离了。

一个湖泊真的会自己移走吗？这实在太不可思议了。到了20 世纪上半叶，罗布泊变成了盐滩，而据地图记载，在别处又戏剧性地出现了一个新的湖泊。可再隔40年，罗布泊又完全干涸。难道它又一次迁徙了吗？

肚皮笑笑破

白伯伯，彭伯伯，饽饽铺里买饽饽。白伯伯买的饽饽大，彭伯伯买的大饽饽。拿到家里喂婆婆，婆婆又去比饽饽。不知白伯伯买的饽饽大，还是彭伯伯买的饽饽大。

》众说纷纭——西湖成因

同学们，你去过西湖吗？没去过肯定也听说过，西湖的水皎洁晶莹，湖面宛若明镜。四周被吴山、宝石山南北环抱，若龙凤戏珠。夏日里接天的荷花，秋夜中浸透月光的三潭，冬雪后疏影横斜的红梅，更有那烟柳笼纱中的莺啼，细雨迷蒙中的楼台，无论你在何时来，都会领略到西湖不同寻常的风采。

美丽的西湖究竟是怎样形成的呢？至今学术界仍众说纷纭。许多研究者认同“西湖是因为东汉华信筑塘成功后才形成的”说法，这种说法遭到质疑。

1909年，日本地质学家石井八万次郎认为：

西湖是由于火山爆发，岩浆阻塞海湾而形成为湖泊的。我国著名科学家竺可桢先生通过详细的实地调查研究，否认了石井八万次郎的推断。他认为，西湖是一个潟湖。

尽管至今人们对西湖的形成原因还没有一个统一的说法，而且，其形成的详细机制、形成的确凿年代等，至今仍然是一个谜，但随着研究的深入，科学家们应该会得出一个确切的答案。

海水奇观——“海火”

海水发光现象被称为“海火”，它常出现在地震或海啸之后。1933 年 3 月 3 日凌晨，日本三陆海啸发生时，人们看到了奇异的海火。当波浪涌进时，浪头底下出现三四个像草帽般的圆形发光物，横排着前进，色泽青紫，像探照灯一样照向四面八方，光亮可以使人看到随波逐流的破船碎块。没过多久，互相撞击的浪花，又把这圆形的发光物搅碎，瞬间就不见了。

“海火”的产生，一般认为与海里的发光生物有关，水里的发光生物因受到扰动而发光。一些学者却持有异议。他们指出，在狂风大浪的夜晚，海水也同样受到激烈扰动，却为什么不产生“海火”呢？

还有一些人认为，“海火”作为一种复杂的自然现象，很可能有多种成因，生物发光和岩石爆裂发光只是其中两种成因，除此之外，可能还有其他成因。

匪夷所思——海底“风暴”

人人都认为深海底下是一片特别宁静的所在，但近年来海洋科学家发现，海底并不平静，类似于陆地上飓风的各种激流一年四季都在海底下兴风作浪、横扫一切。海底发生“风暴”时，海水以高达每秒 50 厘米的速度流动。在一些海域，这种海底“风暴”每年要发生 5 ~ 10 次。这种现象是怎么形成的呢？

有的科学家认为，当海水和大气运动的能量集聚到一定程度时就会产生海底“风暴”。首先出现的是旋涡，大面积的海水连续不断地作旋涡状运动，搅动水体中的海流。当海面上空大气风暴持续数日，海浪就越来越凶猛，传递到海底的能量就越大，于是海底“风暴”就产生了。

也有人认为，这是由于有一股 1 千米长的沉积物“云雾”状潜流在海底滚滚奔腾的结果。它犹如刮起的一股海底“风暴”，非常猛烈地将海底沉积物刮起，使海水变得异常浑浊。但是，这股深海潜流为什么如此激烈呢？

总之，科学家们说法不一，有关这支深海潜流产生的原因，仍是一个有待揭示的自然之谜。

生命遭难——地球磁极移动

人类赖以生存的地球有磁场，这是我们早已知道的常识，但很少有人研究地磁场与生命之间的关系。

20 世纪 60 年代，科学家研究生物化石后，发现磁场会换向、消失和恢复。磁场反转对生物的影响是严重的。25 万年前的一次地磁场反转，使 18 种低等生物灭绝。70 万年前的一次地磁场反转，也有 7 种低等生物灭绝。一些学者通过考察指出，400 万年以来，地球磁场经历过“第一反转期”，约 70 万～240 万年，直到 240 万～230 万年前的高斯时期才恢复正常。从 70 万年前到现在，地磁场随着地球的自转和公转，每时每日都在发生偏移，每年以 15～20 伽马的速度减弱，目前尚存 4 万伽马磁场，大约在公元 4000 年，地磁强度将等于零。

一旦地磁场消失，地球上的居民将就会面临难以抵御的种种威胁。因为磁性层将人类与宇宙中最危险的带电粒子隔离起来，好似地球的保护罩。一旦失去这一保护罩，植物的光合作用就会减弱，海洋藻类、鱼类将大批死亡。更严重的是，人类将因强紫外线辐射而患上皮肤癌，生物将因染色体变化而发生遗传性疾病，某些生物，包括高级智能生命，将面临灭顶之灾。

在越来越多的事实面前，人们已经知道地磁场对生物存在着影响。不过，其中的机理还有待深入研究，还需要科学的根据和理论论证去揭示。

我来考考你

1. 欧洲最古老的共和国 ________在意大利境内；世界上最小的国家 ________也在意大利境内；地处非洲南部的莱索托，四面被南非共和国包围着；风景秀丽的小国摩纳哥则三面毗邻法国领土。
2. 海水发光现象被称为（　　）。
   A.“海光”　　B.“海亮”　　C.“海明”　　D.“海火”
3. 仔细观察一下世界地图，海陆轮廓与分布有哪些有趣的现象呢？

神秘地带

地球上的一些地方，常常发生一些离奇古怪的事情，现有的科学知识难以解释这些现象。因此人们把这些地方称为“神秘地带”。特别是北纬 30°，是一条神秘而又奇特的纬线。在这条纬线附近有神秘的百慕大三角、黑竹沟魔鬼三角洲等。

重力之丘——车往高处走

在美国犹他州议会大楼附近，有一条约 500 米的斜坡公路，表面看去，这条斜坡公路与其他任何斜坡公路没什么异样。可当人们驱车来到坡下，停车不动的时候，车竟会自动缓缓往坡上爬，就像有个无形的力从后边推车子或从前边拉着车子似的。人们把这个神秘的斜坡称为“重力之丘”。

实验证明，越重的物体，在“重力之丘”受到的作用力越大，而对童车、皮球之类较轻的物体，几乎不起作用。这是怎么回事？是在变魔术吗？很长时间，人们百思不得其解。其实，这也是地球引力异常造成的。这里的吸引力不是来自地下，而是来自斜壁或是斜坡。当飞机从这里的上空飞过时，所有的仪表指示器都会失灵，飞机会脱离航线；小鸟飞经时也会像眼睛失明迷失方向一样，乱飞乱撞。

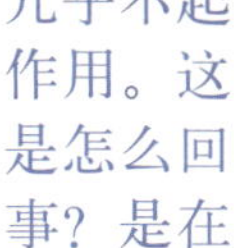

问刘十九

（唐）白居易

绿蚁新醅酒，红泥小火炉。
晚来天欲雪，能饮一杯无？

捉摸不透——水向乱变化

埃夫里波斯海峡靠近的希腊卡尔基斯市附近，是一个让人捉摸不透的地方。这里的水向瞬息万变，一会儿向南奔泻，一会儿向北倾注。在一昼夜之内，忽南忽北地变化方向达 11 ～ 14 次之多，最少也有六七次，而且流速大得惊人，每秒达 8.5 海里，这给过往的船只造成了极大危险。

在埃夫里波斯海峡，可能刚才还是浪涛滚滚的海面突然就风平浪静，像个熟睡的婴儿，悄然无声；可是没过多久，可能海水又像一匹横冲直撞的野马，忽南忽北地折腾起来。但有时又能一连十几个小时规规矩矩，朝着一个方向奔流而去。

为什么会发生这种现象，至今仍然没有定论。

四季错位——异常气候

我国河南省林州市石板岩乡西北的太行山半腰处，有一驰名中外的风景胜地——冰冰背风景区。

每年来冰冰背风景区旅游观光的人很多，它吸引游人之处不仅是美丽的自然景致，更具魅力的是它那冷热颠倒的异常气候。

每年 3 月，当大地草木葱茏、百花盛开时，冰冰背却进入“三九”，开始结起冰来，结冰期长达 5 个月之久。每年 6 月，别的地方的人们挥汗如雨，酷暑难耐，这里却正是冰期盛季，一踏入此地，顿感寒气袭人，冰凉彻骨。待到 8 月，霜降叶枯，冰冰背的冰开始消融。寒冬腊月的时候，大地冰封，冰冰背却是热气腾腾，泉水淙淙，温暖宜人，山沟沟里奇花异草，嫩绿鲜艳，美不胜收。

冰冰背地区为什么会冷热颠倒，四季错位，至今尚无统一解释。

洋话天天说

A：Can we help you?
B：Yes，I want to go to hospital.
But I can 't. My leg hurts.
A：需要我们帮助你吗？
B：是的，我要去医院。但我不行，我的腿疼。

奇观绝景——北纬 30°

在地球北纬 30°附近，有许多神秘而有趣的自然现象。从地理布局大致看来，这里既是地球山脉的最高峰——珠穆朗玛峰的所在地，同时又是海底最深处——西太平洋的马里亚纳海沟的藏身之所。还有著名的美国的密西西比河、埃及的尼罗河、伊拉克的幼发拉底河、中国的长江等，均在北纬 30 度处入海。

在这一纬度线上，奇观绝景比比皆是。更加令人费解的是，这条纬线又是世界上许多著名的未解之谜所在地。比如神秘的古埃及金字塔群以及令人难解的狮身人面像之谜、神秘的北非撒哈拉沙漠达西里的“火神火种”壁画、著名的死海、巴比伦的“空中花园”，还有中国安徽的黄山、四川的峨眉山，等等。

暗藏危险的地带——死亡旋涡区

北纬 30°不仅多奇观绝景，而且多奇事怪事。地球北纬 30°线常常是飞机、轮船失事的地方，人们习惯上把这个区域叫作“死亡旋涡区”。除了令人惊恐的百慕大地区，还有日本本州西部、夏威夷到美国大陆之间的海域、地中海及葡萄牙海岸、阿富汗这五个异常地区。

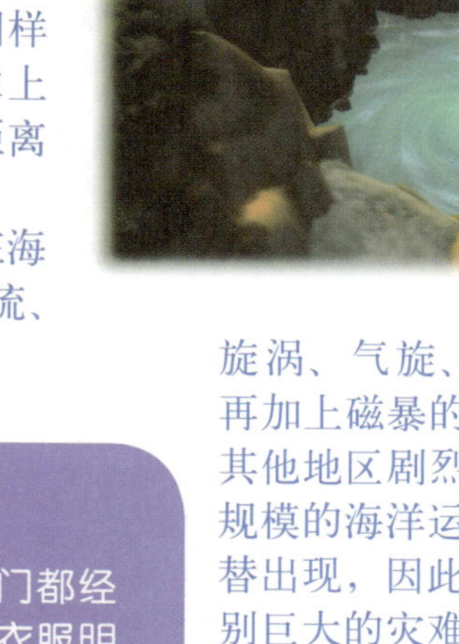

除了北纬 30°线，在地球南纬 30°线上也同样有五个异常区。如果把这 10 个异常区在地球上一一标注以后，会发现它们在地球上几乎是等距离分布的。

这些暗藏危险的地带大都处在海洋水域，在海水运动上表现为一种大规模的旋涡。那里的海流、旋涡、气旋、风暴、海气，再加上磁暴的作用，都要比其他地区剧烈，而且这些大规模的海洋运动一直频繁交替出现，因此给人类带来特别巨大的灾难以及隐痛与不安。

北半球这条纬度线及其相邻的纬线，为什么会成为怪事迭出、祸患隐忧、灾难频繁的神秘地带？这是偶然巧合，还是存在人类尚不可知的某种神秘力量？

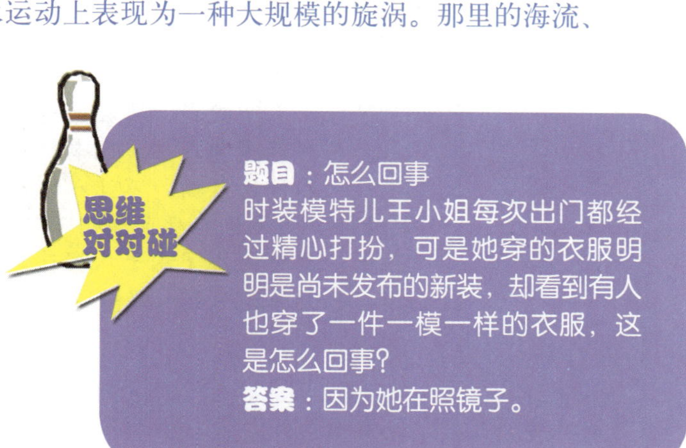

思维对对碰

题目：怎么回事

时装模特儿王小姐每次出门都经过精心打扮，可是她穿的衣服明明是尚未发布的新装，却看到有人也穿了一件一模一样的衣服，这是怎么回事？

答案：因为她在照镜子。

神秘的纬线——地震死亡线

如果将北纬 30°线上下各移动 5°左右，我们再次吃惊地发现，在北纬 35°线附近，是令人恐怖的地震死亡线。据史料记载，处于北纬 30 度线的西藏共发生过大于 8 级的地震 4 次，7 ~ 7.9 级地震 11 次，6 ~ 6.9 级地震 86 次。1950 年 8 月 15 日在藏东的察隅、墨脱发生过 8.6 级地震。

2008 年 5 月 12 日，北纬 30° 45′ ~ 31° 43′ 的四川省汶川县发生 8 级强震，建筑物全部遭到严重破坏，灾难惨重。

总之，北纬 30°线纷繁复杂的神秘现象多少影响了我们的视角和思维，人们越来越相信这不是一条简单的人为划分的地球纬线。因而吸引了不少的人去探索这条线的神秘。

魔鬼三角区——百慕大

现在，“百慕大三角”已经成为那些神秘的、不可理解的各种失踪事件的代名词。在全球，人们一提到百慕大，就会感到毛骨悚然。

所谓“百慕大三角”，即指北起百慕大，西到美国佛罗里达州的迈阿密，南至波多黎各的一个三角形海域。在这片面积达 40 万平方英里的海面上，从 1945 年开始，曾有数以百计的飞机和船只在这里神秘地失踪。由于事件迭出，人们赋予这片海域以“魔鬼三角”“厄运海”“魔海”“海轮的墓地”等诨号。这些诨号反过来又烘托了这里特有的神秘而恐怖的气氛。

科学家运用自己已知的各种知识，去解释发生在百慕大三角的种种怪事。在各种解释中比较有代表性的是“磁场说”“黑洞说”“陨石说”“水桥说”。

但是，这些都只是假说而已，而且每一种假说只能解释某种现象，而无法彻底解开百慕大之谜。因为，除了飞机和船只无端失踪之外，百慕大海底和海面还有其他一些令人难以置信的怪事。

巴老爷有八十八棵芭蕉树，来了八十八个把式，要在巴老爷八十八棵芭蕉树下住。巴老爷拔了八十八棵芭蕉树，不让八十八个把式，在八十八棵芭蕉树下住。八十八个把式烧了八十八棵芭蕉树，巴老爷在八十八棵树边哭。

魔鬼三角洲——黑竹沟

黑竹沟位于四川省西南部的小凉山区，乐山市峨边彝族自治县，距成都 246 千米。黑竹沟面积 575 平方千米，海拔 1500 ～ 4288 米。黑竹沟是一片莽莽苍苍的原始森林，景区集雄、奇、秀、原始、神秘、清幽于一体。黑竹沟与神奇的百慕大处于同一纬度，离奇事件经常发生。人畜进入黑竹沟屡屡出现失踪和死亡事件，但是人进去后是怎样失踪的，至今还是个谜。

黑竹沟的最高峰——马鞍山主峰东侧，有一座海拔 3998 米的山峰，其上部呈三棱形，酷似埃及金字塔，在红光照耀下，金光四射，形成一个神奇无比的梦幻世界，成为一座以假乱真的耀眼金山。

黑竹沟有一种黑白相间，花纹成条状的大熊猫和另一种黑白相间呈圆状花纹的“花熊猫”更是稀有中之稀有。人们都知道大熊貓食竹子，但这里的大熊猫却不是，经常跑到彝家山寨吃牛、羊和猪，吃完后还敢在寨子里呼呼大睡。据说，这里有黑豹曾被彝族猎手捕捉过，是在亚洲首次发现黑豹。由于黑竹沟藏有不少未解之“谜”，当地彝汉人民把黑竹沟称之为西南林区的“魔鬼三角洲”。国内外舆论界称之为“中国百慕大”“恐怖的死亡之谷”“神奇的魔鬼三角洲”。

横向斜生——蟠龙洞的宝石花

蟠龙湖位于石家庄市元氏县境内，北距河北省省会石家庄25千米，景区内有蟠龙湖、马头寨山、蟠龙寺、蟠龙洞等景点，是一处山水兼具、自然人文景观并存的游览场所。

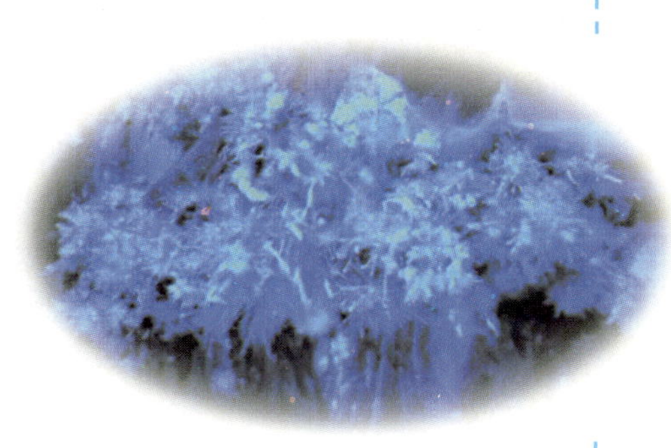

蟠龙洞位于蟠龙山东山腰，总长236米，在这里不仅能体验远古时代的洞穴生活，还能欣赏到根据“蟠龙”的神话故事而修建的景观，可以一解这里众多名称以“蟠龙”冠名之谜。它属于典型的喀斯特溶洞，是地下水在大理岩的石缝中流动，经漫长年代不断侵蚀扩大而成的。因其洞体迂回典折，形若蛟龙，故取名“蟠龙洞”。

蟠龙洞全长500米，洞分3层。它拥有洞穴世界中的稀世珍品—宝石花。长在蟠龙洞中的宝石花不像常见的滴聚而成的石钟乳那样上下垂直，它们竟横向斜生，甚至因反重力作用而向上节节生长。曾有人不经意把一个石花碰断，不曾想，这一偶然事件，却使人们发现了蟠龙洞宝石花的一个秘密：一年后，人们发现折断的宝石花又长出了几厘米。要知道，一般的石钟乳、石笋几十年也长不了这么长。这是怎么一回事呢？现在还是一个谜。

无人生还——加州“死亡谷”

在美国加利福尼亚州和内华达州毗连地带，有一个峡谷地区人迹罕至，隐伏着若干让人不寒而栗的死亡之地，鸟类、爬行动物或人类都无法进入，一旦进入，往往会立即死亡。人们把这个地方称为“死亡谷”。

1849年，一队寻找金矿的美国人误入了美国亚利桑那州内华达山脉东麓的一块长208千米、宽6～26千米，面积1400多平方千米的山谷，山谷两侧悬崖峭壁，山岭绵延，气候极端炎热干燥。移民们由于迷失方向而葬身谷底，死后连尸体都没找到。1949年，美国一支勘探队冒险进入“死亡谷”，几乎全部死亡，其中有几个人侥幸脱险爬出，过后不久也不明不白死去。后来，又有不少人前去探险，结果也屡屡身亡。从此，“死亡谷”之名不胫而走。

美国的这个“死亡谷”和前苏联的堪察加半岛克罗诺基山区的“死亡谷”、意大利那不勒斯和瓦唯尔诺湖附近的“死亡谷”、印尼爪哇岛上更为奇异的“死亡谷”并称为世界四大“死亡之谷”。为什么进去的生命都会死亡呢？这真是令人费解。

“鸣锣击鼓”——神堂湾

湖南省桑植县的神堂湾，长期与世隔绝，传说是神仙聚会的地方。在这里，有世界上罕见的白蛇，体长 1 ~ 1.5 米左右，形似一根软玻璃棒。如果在这里点燃篝火，火一点燃，火头上便冒起一缕又粗又浓的白色烟雾，顺着神堂溪向谷中飘去。溪水平则烟平，溪水直则烟直。白色烟雾随溪水曲折往复，犹如两条白龙，腾飞于弯弯曲曲的山谷之中。

最奇怪的是，无论何时，都可以听到从湾内隐约传来的一阵阵鸣锣击鼓、人叫马嘶之声。据民间传说，神堂湾是土家农民起义领袖向大坤战败以后退却安营扎寨的地方，因他不甘于战败，便在里面继续操练兵马，以便东山再起，故每遇天晦，还可听到湾内人叫马嘶的声音。这些怪异的现象给神堂湾披上了一件神秘的外衣，令人们迷惑不已。

有人说，神堂湾是一个大磁场，把当年向王与官军血战的嘶喊声录下来了，一遇到适当气候便释放出来；又有人说，神堂湾整日弥漫不散的迷雾，之所以夺命追魂，乃瘴气所致，以至于千百年无人光顾，鬼晓得那里面有多少猛兽、恶蛇、毒虫。

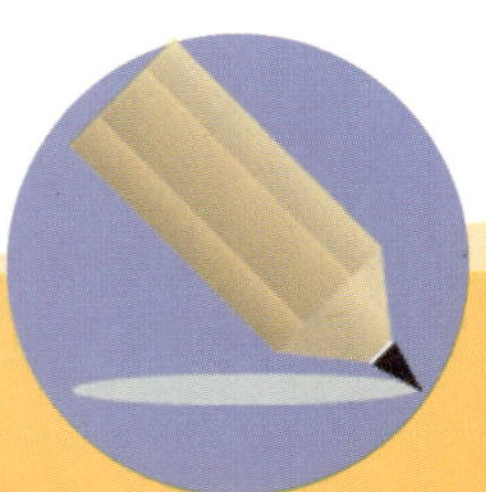

我来考考你

1. 所谓“百慕大三角”，即指北起百慕大，西到美国佛罗里达州的 ______，南至 ______ 的一个三角形海域。
2. 北纬 30°线附近都有什么奇观绝景？